Meyer/Falke

Maßhaltige Kunststoff-Formteile

Bernd-Rüdiger Meyer
Dirk Falke

Maßhaltige Kunststoff-Formteile

Toleranzen und Formteilengineering

2., aktualisierte und erweiterte Auflage

HANSER

Die Autoren:

Prof. Dipl.-Ing B.-R. Meyer, 15517 Fürstenwalde

Dipl.-Ing. D. Falke, www.ingbuerofalke.de

Bibliografische Information der Deutschen Nationalbibliothek:

Die Deutsche Nationalbibliothek verzeichnet diese Publikation in der Deutschen Nationalbibliografie; detaillierte bibliografische Daten sind im Internet über <http://dnb.ddb.de> abrufbar.

www.hanser-fachbuch.de
Lektorat: Ulrike Wittmann
Herstellung: Jörg Strohbach
Coverconcept: Marc Müller-Bremer, www.rebranding.de, München
Coverrealisierung: Max Kostopoulos
Titelmotiv: © Max Kostopoulos
Satz: Kösel Media GmbH, Krugzell
Druck und Bindung: Druckerei Hubert & Co. GmbH und Co. KG BuchPartner, Göttingen
Printed in Germany

ISBN: 978-3-446-44883-4
E-Book-ISBN: 978-3-446-46068-3

Die Autoren

Prof. Dipl.-Ing. B.-R. Meyer

Herr Prof. Meyer ist Chemieingenieur für Kunststofftechnologie (Ing.-Schule Fürstenwalde), Diplomingenieur für Maschinenbau und Fertigungstechnik mit Spezialisierung Kunststofftechnik (TU Dresden) und hat einen Diplomabschluss in Fachschulpädagogik (TU Dresden).

Er war in der Industrie als Spritzgießtechnologe und als Abteilungsleiter Forschung und Entwicklung für Kunststoffanwendung in der Kältetechnik tätig.

An der Ing.-Schule Fürstenwalde war er Dozent und Fachgruppenleiter für Kunststofftechnik und im Studiengang Kunststofftechnik an der TH Wildau hat er eine Professur geleitet.

Des Weiteren ist er Ehrenmitglied im Arbeitskreis selbständiger Kunststoffingenieure und Berater e. V. (KIB) und Gesellschafter der Makrolar GbR Berlin für Entwicklung und Vertrieb kunststofftechnischer Software.

Herr Prof. Meyer ist Mitglied des Fachausschusses „Toleranzen für Kunststoff-Formteile“ des DIN-Institut Berlin zu Erarbeitung der DIN 16742 als Nachfolgenorm von DIN 16901.

Dipl.-Ing. D. Falke

Herr Falke hat nach der Ausbildung zum Werkzeugmacher ein Fachhochschulstudium der Kunststofftechnik absolviert, anschließend ein berufsbegleitendes Maschinenbaustudium mit der Vertiefungsrichtung Konstruktion an der Technischen Universität Chemnitz.

Danach folgten Tätigkeiten als Werkzeugkonstrukteur und Produktentwickler.

Herr Falke hat seit 1992 ein eigenes Ingenieurbüro mit ca. sechs Mitarbeitern. Die Tätigkeitschwerpunkte des Ingenieurbüros sind die Formteilentwicklung, Werkzeugkonstruktion, Füll- und Verzugssimulation und technische Beratung.

Mehr als 1900 Werkzeuge wurden bisher konstruiert bzw. Formteilentwicklungen erarbeitet, deren Anwendungsgebiete überwiegend in der Automobilindustrie und in der Medizintechnik liegen.

Dirk Falke ist seit 1994 als Gerichtsgutachter für Kunststofftechnik und Werkzeuge tätig.

Des Weiteren war er Mitglied und zwölf Jahre Präsident eines Arbeitskreises selbstständiger Kunststoffingenieure und Berater.

Dirk Falke ist darüber hinaus Vorstandsmitglied des GKV-TecPart e. V. und Obmann des Fachausschusses „Toleranzen für Kunststoff-Formteile“ am DIN-Institut in Berlin zur Erarbeitung der DIN 16742 als Nachfolgenorm der DIN 16901. 2016 übernahm er von Herrn Dr.-Ing. Martin Bohn die Leitung des ISO/TC 61/WG 3, des Arbeitskreises, welcher die ISO 20457 beraten und verabschiedet hat.

Weiterhin lehrt Dirk Falke an der Hochschule Schmalkalden mehrere Lehrgebiete um Formteil- und Werkzeugkonstruktion und verfahrenstechnische Einflüsse auf die erreichbare Formteilqualität.

Vorwort

Die Entwicklung und Fertigung qualitativ hochwertiger Kunststoff-Formteile bei akzeptablem Preis-Leistungs-Verhältnis erfordert die erfolgreiche Bearbeitung und Koordinierung der Entscheidungsfelder Werkstoff, Teilegeometrie, Werkzeug und Fertigung in ihrem untrennbaren Beziehungsgeflecht:

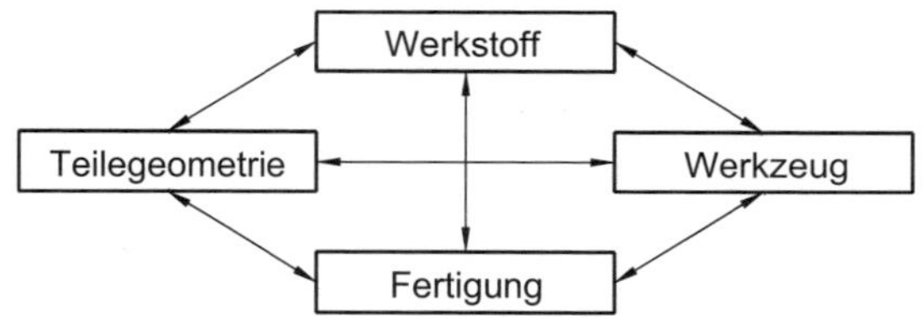

Aus Sicht des Qualitätskriteriums Maßhaltigkeit werden die Autoren wesentliche Aspekte dieser Beziehungen beschreiben. Dem Leser soll dabei vor allem die Überzeugung vermittelt werden, dass jedes Entscheidungsfeld letztlich gleichbedeutend für die Erfüllung der Maßhaltigkeitsforderungen ist. Dafür muss bereits am Beginn der Formteilentwicklung eine enge Zusammenarbeit und Kommunikation zwischen den jeweiligen Kooperationspartnern organisiert werden, wobei für das Projektmanagement insbesondere auch die Verantwortlichkeiten für Entscheidungen und Realisierungen in allen Stufen eindeutig zu klären sind. Aktuelle Schwachstellen des Projektmanagements in organisatorischer und fachlicher Hinsicht werden deutlich angesprochen und mit ausführlichen Hinweisen für eine effektive Arbeitsweise verbunden.

Der konkrete Gegenstand des Buches betrifft Formteile aus Urformverfahren, wobei Spritzgieß- und Pressverfahren für Thermoplaste, thermoplastische Elastomere und Duroplaste den inhaltlichen Schwerpunkt bilden. Eine gewisse Übertragbarkeit, zumindest in den allgemeinen Grundsätzen, ist auch für andere Verfahren möglich.

Besonders hohe maßliche Genauigkeitsanforderungen sind bei sogenannten technischen Teilen zu erwarten, wie sie in den Branchen Fahrzeug- und Maschinenbau, Elektrotechnik, Elektronik, Medizintechnik, Feinwerktechnik u. a. angewendet werden. Darüber hinaus spielen Kunststoff-Formteile in nahezu allen Wirtschafts- und Lebensbereichen mit sehr unterschiedlichen Anforderungsprofilen eine Rolle.

Es kann im Regelfall nicht erwartet werden, dass alle mit der Formteilentwicklung befassten Personen über das erforderliche kunststofftechnische Fachwissen verfügen. Die Autoren werden daher folgende fachlichen Schwerpunkte möglichst allgemeinverständlich erläutern:

- Metalle und Kunststoffe sind hinsichtlich der maßrelevanten Eigenschaften nicht oder nur extrem eingeschränkt vergleichbar: „Kunststoff ist kein weicher Stahl."
- Kunststoff-Formteile sind immer mehr oder weniger verzugsgefährdet. Daher spielen die Form- und Lageabweichungen eine entscheidende Rolle. „Verzug ist nicht völlig vermeidbar, aber minimierbar."
- Maßänderungen an Kunststoff-Formteilen müssen für drei unterschiedliche Maßbezugsebenen (Teileanwendung, Teilefertigung, Werkzeugfertigung) berücksichtigt werden, die durch verschiedene physikalisch-technische Kausalitätsbeziehungen und deren Überlagerung bestimmt sind. „Z. B. sind Maßänderungen von Kunststoffen im Vergleich zu Metallen bei gleicher Temperaturschwankung ca. 5- bis 20-mal größer."
- Werkzeuge sind wichtige Produktionsmittel (Unikate) der Formteilfertigung. Abhängig vom Formteilbedarf und den Qualitätsanforderungen ist der Aufwand für Konstruktion und Herstellung der Werkzeuge mit dem Ziel geringer Stückkosten konzeptionell zu optimieren. „Werkzeuge sind keine Stahlblöcke, die immer zu viel kosten."
- Moderne Messverfahren ermöglichen bei entsprechendem Kostenaufwand die Messung vieler Maße selbst an simplen Teilen. Der Formteilentwickler sollte möglichst wenige funktionsbedingte Prüfmaße direkt tolerieren. „Es gibt Formteile, deren Herstellkosten zu 75 % durch Vermessung verursacht wurden."

Im Februar 2011 wurde der Arbeitsausschuss „Toleranzen für Kunststoff-Formteile" im FNK des DIN zur Erarbeitung einer neuen Norm gegründet (Obmann: D. Falke). Der TecPart-Verbandsstandard bildete die inhaltliche und methodische Grundlage. Insgesamt 24 Vertreter aus den Bereichen Formteilanwendung (z. B. sechs Automobilfirmen, sowie bekannte international agierende Zulieferkonzerne), Kunststoffverarbeitung, Dienstleistung sowie Wissenschaft/Forschung erarbeiteten die DIN 16742, die im Oktober 2013 herausgegeben wurde. Direkt im Anschluss wurden alle erforderlichen Schritte eingeleitet, um diese Norm in eine ISO-Norm zu überführen, welche im Oktober 2018 veröffentlicht worden ist.

Dabei ist es gelungen das Sekretariat an das DIN nach Berlin zu holen. Es wurde eine internationale Arbeitsgruppe, die WG 3 im TC61 zu gründen. Deren Vorsitzender war zunächst unser Mitautor Dr.-Ing. Martin Bohn, später übernahm Dirk Falke den Vorsitz.

Es sei erwähnt, dass zur einfacheren Handhabung der DIN 16742 bzw. der ISO 20457 die Firma Makrolar/Berlin Computersoftware zur Verfügung stellt, deren

Erweiterung um anwendungsbedingte Einflüsse auf die Maßhaltigkeit vorgesehen ist.

Rückblickend ist festzustellen, dass die Herausgabe der DIN 16742 in vielen Firmen einen Impuls gegeben hat, über das Thema Maßhaltigkeit nachzudenken, und mit dem Ziel des störungsärmeren Projektdurchlaufes und der Kostenreduzierung, diesem mehr Aufmerksamkeit zukommen zu lassen. Nach der Herausgabe der ISO-Norm hat sich dieser Effekt, insbesondere bei größeren Firmen, deutlich verstärkt.

Da die Buchautoren maßgebend Inhalt und Methodik der DIN 16742 bzw. der ISO mitgestaltet haben, darf der Leser eine ausführliche und praxisbezogene Einführung in die Normanwendung erwarten. Darüber hinaus wird er mit erweiterten Betrachtungen der Maßhaltigkeit aus Sicht der Formteilanwendung sowie mit den Möglichkeiten und Grenzen der Maßbeeinflussung vertraut gemacht. Zur Nutzung der Erfahrungen des Toleranzmanagement bei der Entwicklung und Anwendung von Kunststoff-Formteilen hat Dr.-Ing. Martin Bohn dankenswerterweise eine Einführung zum aus diesem Teilgebiet der Formteilkonstruktion beigesteuert.

Zu Weilen wird angemerkt, dass dem KonstrukteurInnen eines Gerätes ober einer Baugruppe nicht das Detailwissen bezüglich der Fähigkeiten und der Ausstattung des Herstellers der Kunststoff-Formteile zur Verfügung steht, um einschätzen zu können, wozu dieser in der Lage ist. Dies ist auch nicht in jedem Fall erforderlich. Ohne Frage kann mit der Einstufung der Genauigkeit frühzeitig im Projekt ein Hinweis gegeben werden, ob es sich und eine völlig unproblematisch, von jedem Lieferanten zu haltende Toleranz handelt, oder ob es hier einer besonderen Aufmerksamkeit bedarf.

Prof. Dipl.-Ing. B.-R. Meyer

Dipl.-Ing. D. Falke

Mai 2019

Inhalt

1 Grundsätze zur Entwicklung maßhaltiger Formteile

1.1 Partner bei der Produktionsvorbereitung von Kunststoffteilen

Kunststoff-Formteile werden in allen denkbaren Branchen eingesetzt. Typische Einsatzgebiete sind der Automobilbau, die Medizintechnik, der Geräte- und Maschinenbau, die Elektrotechnik sowie viele weitere Einsatzgebiete. Zur Herstellung von Formteilen wird immer eine Verarbeitungsmaschine inklusive der dazugehörigen peripheren Technik benötigt, welche vom Kunststoffverarbeiter vorgehalten wird.

Für ein Formteil wird ein spezielles Formwerkzeug benötigt, welches nur zur Herstellung eines Formteils verwendet werden kann. In seltenen Ausnahmen kann mit einem Werkzeug eine Gruppe von Formteilvarianten hergestellt werden.

Durch diese exklusive Verwendung der Formwerkzeuge ergibt sich, dass der Formteilbesteller auch im Regelfall der Eigentümer der Werkzeuge ist. Da dieser aber meist nicht über die erforderliche Verarbeitungstechnik verfügt, befinden sich die Werkzeuge in der Regel beim Kunststoffverarbeiter.

Hergestellt werden die Werkzeuge von einem Werkzeugbaubetrieb. Diese Konstellation bringt insbesondere in der Produktionsvorbereitungsphase einige Schwierigkeiten mit sich.

Die Firma, die einen Bedarf an Kunststoffteilen mit bestimmten Eigenschaften hat, bestellt diese und die zu deren Herstellung erforderlichen Formwerkzeuge bei einer kunststoffverarbeitenden Firma. Diese wiederrum bestellt ein hinreichend spezifiziertes Werkzeug bei einem Werkzeugbauunternehmen.

Diese Vorgehensweise ist durchaus sinnvoll, um die Werkzeuge auf die Besonderheiten und Ausstattungsmerkmale der kunststoffverarbeitenden Firma abzustimmen.

Die Ursache für Abweichungen der Kunststoffteile von den Vorstellungen des Bestellers eines Bauteils kann im Werkzeug, in der Verarbeitung und in der Gestaltung des Kunststoffteils liegen.

Die Voraussetzung für das Erreichen eines bestimmten Qualitätsniveaus ist erfüllt, wenn alle die Qualität beeinflussenden Faktoren in der gleichen Güte erfüllt worden sind.

Einflussfaktoren auf die Formteilqualität:

- Formteilkonzept
- kunststoffgerechte Konstruktion des Formteils
- Werkzeugkonzept
- Werkzeugausführung
- Maschinen/Ausrüstung
- Verfahrenstechnik/Prozessführung
- Konstanz der Materialeigenschaften
- Qualifikation/Motivation des Bedienpersonals
- Qualitätssicherung der Fertigung

Es ist also oft nur ungenügend oder nicht möglich, bei nicht hinreichender Berücksichtigung einer der genannten Faktoren die daraus entstehenden Folgen am Formteil mit der Übererfüllung anderer Qualitätskriterien zu kompensieren.

Zur Erklärung sollen hier zwei Beispiele genannt werden, die in der Praxis häufig vorkommen:

- Ein Spritzgieß-Formteil, bei dessen Konstruktion gegen die Regel der annähernd gleichmäßigen Wandstärken verstoßen worden ist, wird zu Einfallstellen und Verzug neigen. Dies kann nicht durch die Verwendung einer besonders neuen Spritzgießmaschine kompensiert werden. Die Einhaltung von engen Maßtoleranzen ist hier deutlich erschwert bzw. unmöglich.
- Ein unangemessenes Werkzeugkonzept, das ein zu „weiches" Werkzeug oder ein unzureichendes Entformungsprinzip beinhaltet, kann nicht durch besonders gut qualifiziertes Personal ausgeglichen werden.

Die hier dargelegten Zusammenhänge bedingen eine intensive Kommunikation zwischen allen Beteiligten, möglichst schon in einer frühen Projektphase. Sowohl kunststoffverarbeitende Firmen als auch Werkzeugbaubetriebe sind in aller Regel zu solchen Projektbesprechungen bereit, wenn diese nicht nur dem billigen Know-how-Transfer dienen sollen.

Hier können noch vor Fertigstellung der Formteilkonstruktion technisch begründete Aspekte der Fertigung und des Werkzeugbaus zum Vorteil aller Beteiligten in das Projekt einfließen.

Die ausschließlich nach monetären Gesichtspunkten entschiedene Auftragsvergabe im Einkauf technischer Produkte erweist sich bei nachträglicher, umfassender Nachkalkulation oft als äußerst unwirtschaftlich. Allerdings sei hier angemerkt, dass diese Art von Nachkalkulation bedauerlicher Weise extrem selten durchgeführt wird.

Erfahrungen nach Durchführung einer solch umfassenden Nachkalkulation am Ende eines Projektes unter ehrlicher Einbeziehung aller entstandenen Kosten zeigen eine signifikante Veränderung des technischen Einkaufsverhaltens mancher Firma.

Es soll hier nachdrücklich betont werden, dass alle ausgeführten Aspekte entscheidend für die Einhaltung der geforderten Maßhaltigkeit seien können.

Formwerkzeuge existieren in den aller meisten Fällen als Unikate. Der funktionelle Ausfall eines Werkzeugs hat somit in der Regel das Fehlen eines Bauteils zur Folge, ohne dieses ein Gerät, eine Maschine oder ein Fahrzeug nicht montiert und ausgeliefert werden kann. Hieraus begründet sich die große Bedeutung von Werkzeugen als Produktionsmittel, welche sich in der Produktionsvorbereitungsphase in einem entsprechend professionell organisierten Projektdurchlauf, während der Produktion in einer hinreichenden Aufmerksamkeit bezüglich der Verfügbarkeit der Werkzeuge wiederspiegeln sollte. Planmäßig vorbeugende Werkzeugwartungen nach einem speziellen Pflege- und Wartungsplan sind somit unverzichtbar.

1.2 Zeichnungen und Datensätze – Funktionen und Festlegungen

Technische Zeichnungen als Mittel zur Festlegung, Beschreibung und verbindlichen Weitergabe von Bauteilspezifikationen haben sich seit ca. 150 Jahren bewährt.

Signifikant weiterentwickelt haben sich in den letzen dreißig Jahren die Konstruktionstechnologie und die Messtechnik.

Die geometrische Komplexität der konstruierten Bauteile hat sich in den letzten Jahrzehnten deutlich gesteigert. In der Vergangenheit war auf Grund der Möglichkeiten der technischen Darstellung, den Möglichkeiten der Fertigung und nicht zuletzt den Möglichkeiten der Messtechnik die geometrische Komplexität der Bauteile begrenzt.

Nicht zuletzt ist es so, dass sich heute geometrische Details messen lassen, welche auf Zeichnungen kaum Berücksichtigung finden.

Die Herstellung von Bauteilen mit Freiformflächen oder schwer zu überschauenden Geometrien, wie beispielsweise mehrere unter verschiedenen Winkeln ineinander laufende Radien, ist heute für jeden Werkzeugbau kaum aufwändiger als die Fertigung trivialer Regelgeometrien. Der Grund liegt in der Fertigung der konturbildenden Werkzeugbauteile mit CNC-gesteuerten Maschinen. Grundlage der CNC-Programmierung ist das CAD-Modell der Werkzeugkonstruktion, welches direkt aus dem CAD-Modell des Formteils abgeleitet wird.

CAD-Datensätze von Formteilen auf dem Weg vom Formteil zur Werkzeugkonstruktion noch einmal neu aufzubauen, ist weder technisch elegant noch wirtschaftlich. Zusätzlich bringt es die Gefahr von Fehlern mit sich.

Die heute üblichen 3D-Schnittstellen der meisten CAD-Systeme erlauben bei richtiger Einstellung und einer hinreichend sorgfältigen Arbeitsweise der Konstrukteure die Weitergabe der Geometriedaten mit einer sehr geringen Fehlerquote.

Es kann somit zusammengefasst werden, dass mit der Übergabe des 3D-CAD-Datensatzes die Geometrie auf Nullmaßen, also ohne Toleranzen, vollständig beschrieben und zwischen den Projektpartnern ausgetauscht werden kann.

Neben der Beschreibung der Geometrie ist das CAD-Modell die Grundlage für CAD-gestützte Analyseverfahren wie Berechnung des Volumens bzw. der Masse, Entformungsschrägenanalyse, Wanddickenanalyse, Flächenstetigkeitsanalyse und natürlich die Werkzeugkonstruktion.

Es darf auch nicht unerwähnt bleiben, dass, abgesehen von sehr einfachen Bauteilen, das Erkennen und Verstehen der Geometrie, beispielsweise für die Preiskalkulation oder für Machbarkeitsanalysen, auch bei sehr guten Zeichnungslesefähigkeiten mit Hilfe eines CAD-Systems deutlich schneller und mit einer geringeren Fehlerquote erfolgen kann.

Folgende Informationen oder Festlegungen sollten bzw. können nur auf Zeichnungen dokumentiert werden:

- Toleranzen von Maßen und Profilen
- Bezugssysteme und Bezugsstellen
- Oberflächenbeschaffenheit
- Zugrunde liegende Normen
- verbale Forderungen
- Hinweise zur Prüfung von Bauteilen
- Freigabevermerke
- Angaben zum Material

Da es unmöglich ist, mit Zeichnungen Freiformflächen geometrisch zu beschreiben oder diese etwa durch Maße zu quantifizieren, können Freiformflächen ausschließlich durch 3D-Datensätze weitergegeben werden.

Dies ist unabhängig davon, ob es sich um Papierzeichnungen oder Dateien mit 2D-Darstellungen handelt.

Es zeichnen sich momentan Tendenzen ab, bestimmte Informationen auch im CAD-Datensatz zu fixieren, die ansonsten Zeichnungen zugeordnet werden. Problematisch ist hier aber noch ein nicht auszuschließender Informationsverlust bei der Übergabe der Daten per Schnittstelle. So gibt es in vielen CAD-Systemen die Möglichkeit Bezugsstellen und Form-und Lagetoleranzen direkt am 3D-Datenmodel zu definieren. Die Schnittstellen der neusten Generation übertragen diese theoretisch auch. Versuch in der Praxis zeigen allerdings, dass hier Vorsicht geboten ist und konkrete Versuche bezüglich der speziell auslesenden und der einlesenden Schnittstelle und deren Parametersetzungen unverzichtbar sind.

Weiterhin ist die Übersichtlichkeit im Projektdurchlauf und zwischen den Projektpartnern oft problematisch.

Letztendlich kann man sich dem Argument der Einfachheit des Lesens einer auf einer Zeichnung stehenden Toleranzangabe oder einer Angabe zur Güte der Oberfläche nicht gänzlich verschließen. Zu berücksichtigen ist hier auch, dass bei Weitem nicht alle an der Projektarbeit beteiligten Personen jederzeit Zugang zu einem CAD-System haben.

Nur Zeichnung und 3D-Datensatz beschreiben ein Formteil hinreichend genau. Beides ist erforderlich, um das Bauteil hinsichtlich seiner Machbarkeit und der Preisbildung beurteilen zu können. Somit müssen auch schon zur Auftragsanfrage der Formteile beide Teile der Formteilspezifikation vorhanden sein. Eine Ausnahme stellen extrem einfache Bauteile dar, die hier aber nicht Gegenstand der Betrachtungen sind. ■

Zwei Beispiele zur Illustration:

- Das Aufbringen einer Hochglanzpolitur auf die konturbildenden Bauteile eines Formwerkzeuges ist so teuer, dass es in der Werkzeugkalkulation unbedingt berücksichtigt werden muss. Im 3D-Datensatz wird der Hinweis auf diese Forderung nicht vorhanden sein. Die Ergebnisse der auf dieser unvollständigen Grundlage erstellten Kalkulation sind wertlos, da ein erheblicher Kostenanteil nicht berücksichtig wurde bzw. werden konnte.
- Kleine Toleranzen können ein anderes Entformungsprinzip im Werkzeug erforderlich machen, das die Deformation der Kunststoffteile während der Entformung reduziert, aber einen deutlich erhöhten Fertigungsaufwand mit sich bringt, wie zum Beispiel längere Zykluszeiten. Auch hier ist ein Kalkulationsergebnis, das auf einer unvollständigen Grundlage beruht, nicht verwendbar.

Es kommt auch vor, dass Toleranzen auf Formteilzeichnungen gefordert werden, die schlicht nicht zu halten sind. Damit wäre das Bauteil so nicht herstellbar. Siehe hierzu Kapitel 8 „Fertigungstolerierung nach DIN 16742/ISO 20457“.

Da, wie oben ausführlich beschrieben, Zeichnungen nicht mehr zur Beschreibung der Geometrie benötigt werden, hat sich auch die Anforderung an Zeichnungen grundsätzlich geändert.

Während in der Vergangenheit schon bei einem fehlenden Maß die Geometrie nicht vollständig spezifiziert war, ist die Spezifizierung der Nennmaßgeometrie durch die Übergabe des 3D-Modells vollständig.

Auch wenn es zurzeit in vielen Firmen noch üblich ist, Zeichnungen vollständig zu bemaßen, ist diese Bemaßung heute überflüssig. Enthält das Bauteil nur eine Freiformfläche, ist es ohnehin nicht möglich, die Geometrie des Bauteils mit der Zeichnung vollständig zu beschreiben. Dennoch enthalten die allermeisten Zeichnungen den Hinweis „Fehlende oder nichtbemaßte Geometrien dem Datensatz entnehmen". Im Übrigen erübrigt sich dieser Satz durch die Festlegung der GPS-Grundnorm DIN EN ISO 8015 das der CAD-Datensatz genau wie Stücklisten oder Messvorschriften zur Zeichnung gehören und somit genauso Vertragsbestandteil sind wie die Zeichnung selbst.

Hier stellt sich natürliche die Frage, wofür die meisten der eingetragenen Maße dienen sollen?

Hier besteht in einem erheblichen Teil der Kunststoffteile entwickelnden Firmen ein erhebliches Rationalisierungspotential durch die konsequente Neustrukturierung der Entwicklungsprozesse.

Anders ausgedrückt, dort wo die Anpassung der produktionsvorbereitenden Prozesse an die durch die durchgängige Anwendung der CAD-Technologie in Konstruktion und Entwicklung veränderte Technologie noch nicht stattgefunden hat, sollte dies zügig nachgeholt werden. Zur Sicherung der Bauteilfunktionen ist die eindeutige Eintragung von direkt tolerierten Prüfmaßen sowie von Form- und Lageabweichungen in die Fertigungszeichnung unbedingt erforderlich. Auch die zu messenden allgemeintolerierten Maße sind zu spezifizieren. Würde dies unterlassen, könnten theoretisch viele Millionen Maße beliebig dem Datensatz entnommen und geprüft werden, ohne dass dies die Bauteilfunktion verbessert.

Nur der Vollständigkeit halber sei hier noch erwähnt, dass für die Aktualität der 3D-Datensätze und der Zeichnungen ausschließlich deren Erzeuger, also der Träger der Entwicklungsverantwortung verantwortlich sein kann. Alle Versuche, hier Lieferanten in die Verantwortung zu ziehen, müssen aus juristischer Sicht ins Leere laufen.

■ 1.3 Qualitätsanforderungen an Kunststoff-Formteile unter den Bedingungen der Globalisierung

Schon auf Grund der Lohnkosten in hochentwickelten Industrieländern wird es sich in der kunststoffverarbeitenden Industrie in diesen Ländern bei dem überwiegenden Teil der zu produzierenden Kunststoff-Formteile um Hightech-Produkte handeln.

An diese Produkte sind aus technologischer Sicht sehr hohe Forderungen zu stellen, um diese wirtschaftlich herstellen zu können. Als Beispiel seien hier verschiedene

Verpackungsbehälter vom Joghurt- oder Quark- bzw. Käsebecher bis zum Farbeimer genannt, die oft mit In-Mould-Label-Etikettierungen bei extrem geringen Wandstärken produziert werden. Diese werden heute in faszinierend kurzen Zykluszeiten erzeugt.

Um diese hoch anspruchsvollen Kunststoff-Teile zuverlässig in einer reproduzierbaren Qualität erzeugen zu können, müssen bestimmte Bedingungen als unbedingte Voraussetzung eingehalten werden.

So genau wie nötig – so ungenau wie möglich

Dieser alte Grundsatz jeglicher ingenieurmäßigen Tätigkeit, scheint in der jüngeren Vergangenheit teilweise etwas in Vergessenheit geraten zu sein. Der Grundsatz hat nicht an Bedeutung verloren. Es weder eine Leistung noch Ausdruck einen besonders tiefen ingenieurtechnischen Verständnisses eine Vielzahl enger Toleranzen auf Zeichnungen einzutragen.

Gefordert ist eine systematisch durchgeführte Funktionsanalyse aus welcher dann die Funktion absichernden Toleranzen abgeleitet werden. Die Einhaltung enger Toleranzen treibt die Fertigungskosten hoch. Enge Toleranzen, welche nicht der Absicherung der Funktion dienen sind ungerechtfertigte Kostentreiber. Das Einsparpotential durch eine konsequent angewandte Systematik bei der Toleranzfestlegung lässt sich nur sehr abschätzen. Ohne Zweifel handelt es sich um immense Volumen.

Zuweilen drängt sich der Eindruck auf, dass sich in einigen Firmen eine Kultur entwickelt hat, in der der Konstrukteur das höchste Ansehen erlangt, der die meisten möglichst eng tolerierten Maße auf den von ihm angefertigten Zeichnungen unterbringt.

Erstrebenswert ist jedoch, mit möglichst wenigen, möglichst großen Toleranzen die Funktion der Bauteile zu sichern. Genauigkeit kostet Zeit und Geld während der Entwicklung, der Verifikation und natürlich während der gesamten Produktionszeit des Bauteils.

Das anzustrebende Ziel ist also, mit möglichst wenigen, möglichst großen Toleranzen die Bauteilfunktion zuverlässig zu sichern.

Unter Funktion ist hier nicht das einfache Erfüllen der Hauptfunktion gemeint, sondern der erweiterte Funktionsbegriff. Es sind alle Forderungen an die Funktion der Bauteile im gesamten Lebenszyklus zu betrachten.

Forderungen an die Funktion eines Bauteils oder einer Baugruppe können sich aus dem Herstellungs- und Weiterverarbeitungsprozess, der Qualitätssicherung, dem Transport, der Montage, selbstverständlich aus der Bauteilanwendung und auch aus der Bauteilentsorgung ergeben.

Als Beispiel sei hier der Tankkappenverschlussdeckel eines PKW genannt. Natürlich erfüllt dieser seine Grundfunktion auch dann, wenn das angestrebte Spaltmaß von umlaufend 2,4 mm nicht gleichmäßig verteilt ist, sondern sich oben ein Spalt von 0,4 mm und unten von 4,4 mm ergeben. Da es üblich ist, an ein Auto auch optische Anforderungen zu stellen, ist hier allerdings die optische Funktion ganz sicher nicht erfüllt.

Andernfalls müsste ein Fahrzeug mit einer verzinkten Karosserie auch nicht lackiert und schon gar nicht mit einem Metalliclack versehen werden, denn ein unlackiertes Auto würde genauso verbrauchsarm, leise und sicher fahren wie ein lackiertes Fahrzeug. Die Beispiele verdeutlichen die Bedeutungen von optischen Bauteilfunktionen.

Das Konstruieren mit Kunststoffen erfordert, genau wie der Einsatz von jedem anderen Werkstoff, die Berücksichtigung seiner typischen Werkstoffeigenschaften sowie die Erfüllung der verfahrensbedingten Anforderungen an die Bauteile.

Das material- und das verfahrensgerechte Konstruieren ist eine allgemein bekannte Grundlage jeglicher Konstruktionslehre. Es wäre genauso undenkbar, eine Holzkonstruktion nach den Gegebenheiten des Stahlbaus auszuführen.

Für die gesamte Bauteilkonstruktion sowie die Festlegung der Maße und deren Toleranzen ist ausschließlich der Konstrukteur des Bauteils verantwortlich. Dies ist auch in der DIN EN ISO 8015 so festgelegt. Nur der Konstrukteur kennt alle Bauteilfunktionen und ist für deren Absicherung verantwortlich. Daran ändern auch Detailänderungen am Kunststoffteil, die eventuell vom Werkzeugbau vorgenommen werden oder werden müssen, nichts. Solche Änderungen sollten allerdings immer dem Formteilkonstrukteur zur Freigabe vorgelegt werden.

Hier ist es anzuraten, sich im Zweifel mit den Fachleuten der anderen Projektbeteiligten, zum Beispiel der Messtechnik oder der Qualitätssicherung, abzustimmen.

Praxisbeispiele, in denen Messtechniker in Unkenntnis der Bauteilfunktion zu den 12 auf der Zeichnung eingetragenen direkt tolerierten Maßen noch weitere 38 direkt- und sehr eng tolerierte Maße hinzugefügt haben, sind völlig indiskutabel. Hier ergeben sich mindestens Fragen hinsichtlich der internen Aufgabenverteilung. Die Funktionssicherung der Bauteile über das Festlegen von zulässigen Maßabweichungen ist ausschließliche Aufgabe der Konstruktion. Erkennbare Tendenzen, dies etwas aus der Konstruktion in die Qualitätssicherung zu verlagern, widersprechen jeglicher Konstruktionstheorie und führen ins entwicklungsprozesstechnische Chaos.

Anspruchsvolle Kunststoffteile müssen material-, verfahrens- und werkzeuggerecht konstruiert sein

An dieser Forderung führt kein Weg vorbei, was die Praxis immer wieder zeigt. Nicht kunststoffgerecht gestaltete Kunststoff-Formteile engen die Prozessfenster in der Fertigung unzulässig ein und/oder führen zwangsläufig zu Einschränkungen der erreichbaren Qualität der zu produzierenden Bauteile und nicht zuletzt der Wirtschaftlichkeit der Fertigung.

Mindestanforderungen an ein Kunststoff-Formteil sind:

- Wanddickenverhältnisse
- Entformungsschrägen
- Scharfkantigkeit an Trennkante
- grundsätzliche Entformbarkeit
- möglichst geringe Werkzeugkosten
- verzugsarme Konstruktion
- kein manueller Nachbearbeitungsaufwand am Formteil
- Beachtung der Fließfähigkeit (Fließweg/Wanddickenverhältnis)
- Mindestradien
- sinnvolle Tolerierung (geringe Anzahl an direkt tolerierten Maßen)

Schon die Nichterfüllung einer der genannten Kriterien kann die Einhaltung einer Maßtoleranz, einer Form- und Lageabweichung, oder das Erreichen eines weiteren Qualitätsparameters unmöglich machen. So kann eine Wandstärkenanhäufung auf Grund der physikalisch bedingten Volumenkontraktion beim Abkühlen zu einer Einfallstelle führen, welche den optischen Anforderungen an das Kunststoffteil entgegensteht, oder die Erfüllung einer Dichtfunktion eines Bauteils unmöglich macht.

Urformteile benötigen Entformungsschrägen

Diese Erkenntnis ist keineswegs neu. Umso erstaunlicher ist es, wie oft gegen diesen Grundsatz verstoßen wird.

Das Anbringen der Entformungsschrägen verändert die Geometrie von Bauteilen oft um mehrere Millimeter. Das sind Größenordnungen, welche Tolerierungen, die oft im Zehntelmillimeterbereich liegen, bedeutungslos werden lassen.

Es mag sein, dass es einige Bauteile gibt, bei denen dies keine Rolle spielt. Für diese erübrigen sich jedoch Maßhaltigkeitsbetrachtungen.

Es sei hier ein Seitenblick auf das „Fertigungsverfahren" Kuchenbacken gestattet. Dort erschließt es sich wirklich jedem, das eine Kuchenform über Entformungsschrägen verfügen muss. Eine Ausnahme stellen Springformen da. Diese entsprechen werkzeugtechnisch einer Backenform. Entformungsschrägen sind notwendig, um den Kuchen in einem Stück zu „entformen". Es ist nicht bekannt, dass probiert wurde, einen Kuchen in einer Form mit parallelen Wänden oder gar in einer sich nach oben verjüngenden Form zu backen. Was beim Kuchen einsichtig ist, sollte auch bei hoch anspruchsvollen Kunststoff-Formteilen funktionieren.

Hierbei geht es vordringlich um die funktionsbeeinflussenden Entformungschrägen der Formteile. Es ist möglich, dass während der Werkzeugkonstruktion noch Abstimmungen bezüglich geometrischer Details erforderlich sind. Oft betrifft das die Entformungsschrägen an notwendigen, aber weniger markanten Trennflächenvorsprüngen. Diese verändern die Bauteile oft nur im Bereich von einigen Hundertstel Millimetern, aber erzeugen am Formteil sichtbare Markierungen, welche unter den Projektpartnern abzustimmen sind.

Bei der werkzeugtechnischen Umsetzung von Formteilen ohne Entformungsschrägen gerät der Werkzeugbau zwangsläufig in die Bredouille. Einerseits möchte und muss ein Werkzeugbau, um seinen Vertrag zu erfüllen, ein funktionstüchtiges Werkzeug bauen, das ohne Entformungsschrägen am Formteil nur in ganz wenigen Ausnahmefällen, oft unter Hinnahme von Qualitätseinschränkungen der Formteiloberfläche, funktioniert. Andererseits hat der Werkzeugbau die ihm vorgegebene Formteilgeometrie inklusive der Toleranzen umzusetzen.

Wird dem Werkzeugbau, respektive dem Werkzeugkonstrukteur das Anbringen der Entformungsschrägen überlassen, bzw. wird er gezwungen, diese am Formteil anzubringen, verändert er das Formteil und dies zunächst in Unkenntnis der an das Formteil gestellten Forderungen.

Für das Anbringen von Entformungsschrägen an einer vorgegebenen Geometrie gibt es eine Vielzahl von möglichen Lösungen.

Welche dieser Lösung möglich bzw. optimal ist, kann nur ein in den Entwicklungsprozess eingebundener Mitarbeiter bewerten.

Das folgende Bild illustriert die geometrischen Auswirkungen.

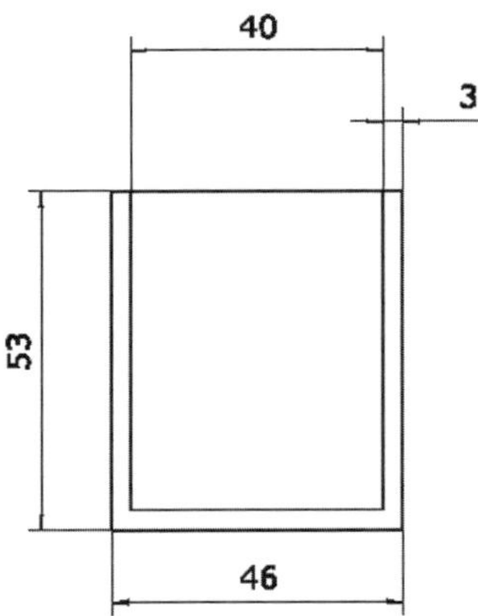

Bild 1.1 Geometrische Vorgabe mit der Bemerkung auf der Zeichnung – Entformungsschrägen 1°

In diesem Zusammenbaubeispiel soll ein Bauteil innen, zum Beispiel eine Leiterplatte mit dem Größtmaß 39 Millimeter in ein Gehäuse aus Kunststoff montiert werden. Dieses Kunststoffgehäuse wiederrum in ein Blechteil mit dem kleinsten zulässigen Innenmaß von 47 Millimetern gefügt werden. Sowohl innen als auch außen würde somit das Montagespiel ein Millimeter betragen, was zu nächst nach einer komfortablen Montagesituation aussieht. Werden nun die notwendigen Entformungsschrägen, in diesem Beispiel von nur einem Grat, angefügt, ergibt sich schon rein theoretisch, dass die Montagefähigkeit in keinem der möglichen Fällen gegeben ist. Maßstreuungen und Toleranzen wurden hier noch nicht berücksichtigt. Diese kommen zusätzlich hinzu.

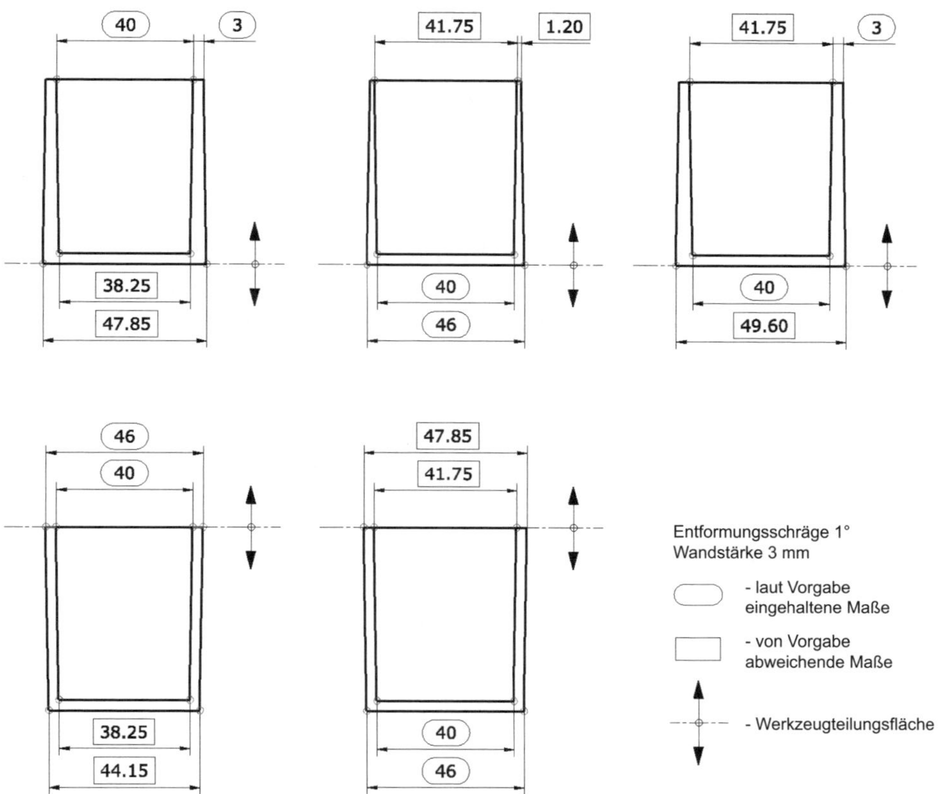

Bild 1.2 Mögliche geometrische Lösungen der in Bild 1.1 zugelassenen Entformungsschrägen

Schon die vorangestellten sehr einfachen und nur zweidimensional dargestellten Zeichnungsbeispiele zeigen, dass schon bei der keineswegs extremen Höhe von 53 mm und der sehr gebräuchlichen Entformungsschräge von 1° signifikante Abweichungen von den vorgegebenen Maßen 40 und 46 auftreten. Bei größeren Teilehöhen, hier das Maß 53, ergeben sich deutlich dramatischere Abweichungen von der ursprünglichen Teilegestalt. Aber schon die hier angenommenen Geometrien erzeugen Abweichungen, die sich in Größenordnungen von den denkbaren Toleranzen unterscheiden und erübrigen jegliche Toleranzdiskussion.

Mitunter wird der Werkzeugkonstrukteur dann in Projektbesprechungen nachträglich über Veränderungen unterschiedlichster konstruktiver Randbedingungen informiert.

In solchen Fällen verschwimmen Formteilentwicklung und Werkzeugkonstruktion miteinander. Selbst den Beteiligten sind dann oft Zuständigkeiten und Verantwortungen unklar. Mit einem systematischen Projektdurchlauf hat das nichts mehr zu tun. Die logische Folge sind oft deutliche Termin- und Budgetüberschreitungen, die dann zum Streit der unterschiedlichsten Intensität unter den Projektpartnern führen.

Auf Grund immer wiederkehrender Diskussionen sei hier darauf verwiesen, dass schon in der im Jahr 2009 zurückgezogenen DIN 16901 sowie der Vorgängernorm das Ausnutzen der Fertigungstoleranz zum Anbringen der Entformungsschräge unzulässig war. Folgerichtig stehen auch in der DIN 16742 und in der ISO 20457 hierzu:

„Entformungsschrägen (auch Aushebeschrägen) sind fertigungsbedingte Neigungen am Formteil in Entformungsrichtung beweglicher Werkzeugteile (z. B. Stempel, Schieber, Backen), die als integraler Bestandteil der Formteilzeichnungen bzw. der CAD-Datensätze vom Formteilkonstrukteur für Werkzeugkonstruktionen und Werkzeugbau sowie Teilefertigung vorgegeben sind. Konstruktiv vorgegebene Neigungsmaßdifferenzen sind nicht Bestandteil von Maßtoleranzen sowie von Form- und Lageabweichungen. In der Spezifikation müssen für Funktionsmaße an geneigten Flächen Messpunkte festgelegt werden, um Zweipunktmaße zu definieren."

Das Ausnutzen der Fertigungstoleranz zum Anbringen der Entformungsschrägen lassen Toleranzbetrachtungen absurd erscheinen, da praktisch die Toleranz in der Konstruktion „verbraucht" wird. Der Werkzeugbau und Kunststoffteil-Fertigung müsste praktisch ohne Toleranz fertigen, was unmöglich ist (siehe auch Kapitel 2 „Maßhaltigkeit und geometrische Produktspezifikation").

Warum sind gleichmäßige Wanddicken so wichtig?

Die Forderung nach annähernd gleichen Wanddickenverhältnissen bei Spritzgießteilen ist keineswegs neu und für ausgebildete Kunststofftechniker eine Selbstverständlichkeit. Dennoch existieren in der Praxis erstaunlich viele Kunststoff-Formteile mit schwer beherrschbaren Qualitätsproblemen, deren Ursache in den unterschiedlichen Wanddicken in verschiedenen Geometriebereichen der Teile liegen.

Aus diesem Grund sollen hier noch einmal die Grundlagen für diese Forderung erläutert werden.

Ungefüllte amorphe Thermoplaste haben eine Verarbeitungsschwindung von 0,4 bis 0,8 %, ungefüllte teilkristalline Thermoplaste haben überwiegend eine Verarbeitungsschwindung zwischen 1 und 2 %.

Diese bekannten Werte für die Verarbeitungsschwindung sind Werte, die sich im gesamten, verfahrenstechnisch vollständig ablaufenden Spritzgießprozess ergeben. Zu typischen Schwindungswerten und dem Vorgang der Schwindung wird im Kapitel 5 „Kunststoffeigenschaften und deren Einfluss auf die Formteile unter Berücksichtigung der Maßhaltigkeit" dieses Buches konkret Stellung genommen.

Würde beim Spitzgießen, ähnlich dem ähnlichen Verfahren Druckgießen von Zink oder Aluminium der Formhohlraum nur einstufig gefüllt werden, ergäben sich durch die beim Kunststoff deutlich größeren Volumenschwindungen auch deutlich größere Schwindungswerte. Diese würden bei amorphen Kunststoffen wie zum Beispiel PS, SB, SAN, ABS, ASA, PET-amorph, PMMA, PC, PEI, PESU, PSU oder PVC-P zwischen 3,5 und 4,5% und bei teilkristallinen Kunststoffen wie PE-LD, PP, PET, PBT, PVDF, PFA, POM, PA6, PA66, PA12, PA610, PEEK, TPA und TPU zwischen 5,5 und 10% liegen. Da Schwindungswerte auf Grund der räumlich und zeitlich instationären Wärmeausbreitungsprozesse im Werkzeug immer stark schwanken und Schwindung und Verzug in ihrer Größe korrelieren, wären solche Bauteile von geringem Wert.

Deshalb ist es in der Spritzgießtechnik von Beginn an üblich, nach dem volumetrischen Füllen des Formhohlraums mit dem Spritzdruck, die Volumenschrumpfung beim Abkühlen des Kunststoffes durch weiteres Nachdrücken von Kunststoff zu einem erheblichen Teil zu kompensieren. Diesen Nachdruck kann man bei modernen Spritzgießmaschinen in der Größe und im zeitlichen Verlauf variieren.

Der Nachdruck muss im Formteil aber auch wirksam werden. Dies ist solange möglich, wie in der Mitte der Wanddicke des Formteils noch eine plastische Seele vorhanden ist. Die Zeit des wirksamen Nachdruckes hängt somit direkt von der Wanddicke und der Verteilung der Wanddicke des Formteils ab. Hat ein Formteil sehr verschieden dicke Bereiche, werden diese auch sehr unterschiedlich lange mit Nachdruck versorgt. Ein in Fließrichtung von Anschnitt aus hinter einem dünnwandigerem Geometriebereich liegender Bereich mit einer größeren Wanddicke kann nur so lange mit dem erforderlichen Nachdruck versorgt werden, wie der fließtechnisch vor diesem liegende Bereich nicht eingefroren ist. Der Geometriebereich mit den größeren Wanddicken wird auf Grund der unzureichenden Versorgung mit Nachdruck eine größere Schwindung haben, welche Verzug verursachen wird.

Hinzu kommt der Effekt, dass die Schwindung von Kunststoffen von der Abkühlgeschwindigkeit abhängt. Je langsamer Kunststoff abgekühlt wird, umso größer ist die Schwindung. Kunststoffe haben in etwa eine einhundertmal geringere Wärmeleitfähigkeit als Stahl. Diese Stoffeigenschaft von Kunststoffen bewirkt, dass größere Wanddicken, überproportional langsamer Abkühlen als dünnwandige Bereiche. Dadurch wird die bedingte Schwindungsanisotropie weiter verstärkt. Nebenbei sei hier erwähnt, dass größere Wanddicken auch die Zykluszeiten beim Spritzgießen erhöhen, was einen erheblichen Einfluss auf die Wirtschaftlichkeit hat.

Wanddickenunterschiede in Kunststoff-Formteilen, insbesondere beim Spritzguss, verhindern die Wirkung der hochentwickelten Verfahrenstechnik. Eine geminderte Qualität der Formteile hinsichtlich der Maßhaltigkeit, des Verzuges, des Auftretens von Einfallstellen aber auch vieler weiterer Formteileigenschaften wie Oberflächeneigenschaften, Spannungen im Bauteil und auch die Gratbildung haben sehr oft ihre

Ursachen in der nicht kunststoffgerechten Konstruktion der Bauteile. Das Bauteil sollte die Wirkung der hochentwickelten Verfahrenstechnik ermöglichen.

Zur Sicherung der angestrebten sicheren Produktion nach heutigen Qualitätsmaßstäben ist auch der Nachweis einer ausreichenden Prozessfähigkeit notwendig. Ein sehr eingeschränktes Prozessfenster oder gar die Produktion mit einem Arbeitspunkt werden immer wieder qualitätsbedingte Produktionsstörungen und Qualitätsdiskussionen verursachen, welche ganz sicher Kosten generieren. Diese können durch die notwendige Sorgfalt während der Produktionsvorbereitungsphase signifikant minimiert werden.

Wie schon am Anfang dieses Kapitels ausgeführt, werden Kunststoff-Formteile in sehr vielen Branchen eingesetzt. Nun kann nicht von jedem Konstrukteur, welcher exzellente Fachkenntnisse auf seinem Spezialgebiet hat und der nur selten Kunststoffteile anwendet, erwarten werden, dass dieser über vertiefte Kenntnisse der Besonderheiten bei der Konstruktion von Kunststoff-Formteilen verfügt.

Es ist also durchaus legitim, ein Bauteil erst einmal als funktionserfüllendes, mehr oder weniger ausgereiftes Bauteil zu konstruieren. Vervollständigt wird dieser Entwicklungszwischenstand durch eine Auflistung der Forderungen an das Bauteil.

Dieses Bauteil sollte dann auch als Funktions- oder Kundenwunschteil bezeichnet werden.

Anschließend findet dann in einem zweiten Entwicklungsschritt die Weiterentwicklung zu einem Kunststoff-Formteil mit den oben genannten Eigenschaften statt. Es bedarf keiner besonderen Erklärung, dass die Kommunikation zwischen den Entwicklungspartnern eine Grundvoraussetzung für den Erfolg der Entwicklung ist.

Aus der Praxis des Autors als Sachverständiger können Beispiele aufgezeigt werden, bei denen durch Nichtbeachtung der hier dargestellten Vorgehensweise folgenschwere Bauteilversagen erzeugt worden sind. Andererseits ist bei Anwendung des hier vorgeschlagen Weges regelmäßig das angestrebte Ergebnis eingetreten.

Interessante Ergebnisse zeigen die wirtschaftlichen Analysen beider Wege.

Wird die Umsetzung nicht kunststoffgerechter konstruierter Formteile ehrlich und umfassend nachkalkuliert, tritt meist ein alle Erwartungen übertreffendes, wirtschaftliche Desaster ans Tageslicht.

Kosten für wiederholte Tests, vielfache Bauteiländerungen, welche immer auch Werkzeugänderungen bis zu Werkzeugneubauten nach sich ziehen, z. B. intensive Reisetätigkeiten der Projektbeteiligten, sehr viele Werkzeugmusterungen und Kosten, welche aus den Terminverzögerungen entstehen, sind hier in realistischer Weise zu berücksichtigen. Es ist leider so, dass eine solche Nachkalkulation in den seltensten Fällen intern durchgeführt wird.

Es ist folglich nachvollziehbar, dass der im Projektdurchlauf eingeplante Entwicklungsschritt vom Funktions- oder Kundenwunschteil zum material-, verfahrens- und werkzeuggerechten Kunststoff-Formteil in den allermeisten Fällen deutlich günstiger ist.

1.4 Sinn und Unsinn moderner Messdatenerfassung

Taktile und berührungslos arbeitende CNC-gesteuerte Messmaschinen sowie optisch- und computertomographisch arbeitende Messverfahren sind ohne jeden Zweifel eine begrüßenswerte Weiterentwicklung in der Messtechnik. Wie bei allen anderen Maschinen und Verfahren auch, müssen diese sinnvoll angewandt werden.

Während bei den klassischen Messgeräten die Messungen einzelner Messpunkte, Linien- oder Flächenverläufen programmiert werden müssen, messen die optisch- und computertomographisch arbeitenden Messverfahren grundsätzlich viele Millionen bis nahezu unendlich viele Messpunkte. Diese werden dann, unter Anwendung verschiedener Verfahren zu dem CAD-Modell ausgerichtet, um dann die Abweichung des gesamten realen Formteils von dem CAD-Modell auszuwerten.

Ein häufig angewandtes Auswertungsverfahren ist die sogenannte Farbabweichungs- oder Falschfarbendarstellung.

Der Betrag der geometrischen Abweichung einzelner Formteilbereiche ist dann von der Ausrichtung des Formteils im Raum abhängig.

Bei dieser Vorgehensweise wird jedoch systematisch gegen das in der DIN EN ISO 8015 festgeschriebene Unabhängigkeitsprinzip verstoßen. Maßabweichungen und Verzug des Formteils werden nicht getrennt betrachtet, was zu Irrwegen in der Fehlerbeseitigung führen muss. Maßabweichungen muss mit anderen Korrekturmethoden begegnet werden, als dem Verzug von Bauteilen, wobei hier schon mal vorweggenommen werden soll, dass sich Verzug niemals ganz vermeiden lässt. Der Einfluss der Physik der Makromoleküle und die zeitlich und räumlich instationären Temperaturausbreitungsvorgänge werden immer einen Verzug erzeugen. Selbstverständlich kann die Größe des Verzuges durch eine Vielzahl von Maßnahmen in Grenzen beeinflusst werden.

Unabhängig von dem Funktionsprinzip der Messtechnik sind die Bauteile nach der in der DIN 16742 vorgeschriebenen Weise über ein für das Bauteil festzulegendes Bezugssystem auszurichten.

Bei optisch- und computertomographisch arbeitenden Messverfahren kann pauschal über das gesamte Formteil gemessen werden. Stattdessen führt das Messen von vorher zu bestimmenden Formteilbereichen, zum Beispiel einzelnen Fügeelementen wie Aufnahmezylindern, Rasthaken oder Anschraubdomen, zu deutlich besser verwertbaren Ergebnissen.

Wegen des im Vergleich zu anderen Werkstoffen meist deutlich geringeren E-Moduls der Kunststoffe muss explizit mit geringerer Formstabilität der Kunststoffteile gerechnet werden. Das bedeutet, dass die Geometrie der Teile abhängig von deren Lage im Raum und deren Abstützung ist. Durch die für Kunststoffteile so typische Relaxation kann auch die Lage der Bauteile vor der Vermessung einen Einfluss auf die Maße haben.

Bei nicht formstabilen Bauteilen versagt, unabhängig vom Werkstoff, auch das 3-2-1-System, bei dem mit sechs Aufnahmepunkten Bauteile zur Bearbeitung, Prüfung oder Vermessung reproduzierbar in ihrer Lage im Raum bestimmt werden.

Die Anzahl und die Art und Weise der Aufnahme der Bauteile ist bei nichtformstabilen Bauteilen, wie großflächigen Verkleidungsteilen oder Karosserieteilen aus Kunststoff oder Blech, vorher zu vereinbaren.

Mit Rücksicht auf die für Kunststoff typischen Eigenschaften sind bei Kunststoffteilen möglichst konkret definierte Bezugsstellen der Vergabe von Bezugselementen vorzuziehen.

■ 1.5 Stellungnahme zur DIN 16901

Eingangs soll hier erwähnt werden, dass Normen keine Gesetze sind. Die Anwendung von Normen ist freiwillig. Es darf somit auf der Grundlage zurückgezogener Norme gearbeitet werden. Allerdings beschreiben nur die aktuellen Normen den allgemein anerkannten Stand der Technik dar, welcher im Zweifel als Maßstab herangezogen wird.

Die DIN 16901 wurde erstmalig im Jahr 1973 herausgegeben und 1982 mit wenigen Änderungen erneut veröffentlicht.

Auch den maßgeblich an der Erarbeitung der Norm beteiligten Personen war bewusst, dass sich alle die Maßhaltigkeit beeinflussenden Bereiche:

- Werkstoff,
- Teilegeometrie,
- Werkzeug und Fertigung

signifikant weiterentwickelt haben.

Der zuständige Fachnormausschuss Kunststoffe (FNK) am Deutschen Institut für Normung in Berlin hat, wohl eher mit einem gewissen fachlichen Unbehagen, diese Norm in Ermanglung eines besseren Vorschlages immer wieder verlängert.

Den Entscheidungsträgern war sehr wohl bewusst, dass die bekannten Firmen der Automobilindustrie und viele der großen Konzerne diese Norm nicht mehr angewendet haben.

Stattdessen entstand eine unübersichtlich große Zahl von Werksnormen, welche nicht miteinander abgestimmt waren. Es ist leicht verständlich, dass sich diese Werksnormen teilweise widersprachen.

In der häufig auftretenden Projektprozesskette vom kleinen Kunststoffverarbeiter über große Kunststoffverarbeiter weiter zum Systemlieferanten der Automobilindustrie bis hin zum Automobilhersteller (OEM) wurde die Gültigkeit der unterschiedlichsten internen Normen und Richtlinien reklamiert.

Es muss hier nicht weiter ausgeführt werden, wozu dieser Zustand führt. Sicher gehen solche Verhältnisse zunächst zu Lasten der kleineren Firmen, wobei die Kosten solcher Zustände zumindest zum Teil dann doch wieder auf die Endabnehmer der Bauteile zurückfallen.

Dies erklärt sicher auch das ausgeprägte Interesse der deutschen Automobilindustrie und weiterer Großkonzerne, sich an der Erarbeitung der neu geschaffenen DIN 16742 zu beteiligen.

Im Frühjahr 2009 hat der Trägerverband des Gesamtverbandes Kunststoffverarbeitende Industrie e.V. der GKV-TecPart e.V. eine Verbandsrichtlinie mit dem Titel „Formteilentwicklung und Werkzeugbau - Grundsätze zur Konzeption und Tolerierung" herausgegeben, was direkt zur Zurückziehung der DIN 16901 im Oktober 2009 geführt hat.

Besondere Schwachpunkte der DIN 16901:

- Technisch wichtige Thermoplaste, insbesondere hochtemperaturbeständige Typen, sind nicht enthalten.
- Bei gefüllten und bei weichen bis gummielastischen Thermoplasten fehlt meist eine ausreichende Differenzierung der Typen.
- Blendformmassen sind nicht ausreichend berücksichtigt.
- Gravierende Veränderungen in der Duroplastpalette sind nicht erfasst.
- Enge Toleranzen für spezielle Anwendungen fehlten.
- Norm kennt nur Papierzeichnungen - kein CAD.
- Norm berücksichtigt nur Formteile bestehend aus Regelgeometrien.
- Abnahmebedingungen für Kunststoffteile nur wenig konkret beschrieben.
- Unzureichende Definition der Abnahmebedingungen
- Keine Hinweise unter welchen Voraussetzungen die Toleranzen erreicht werden können

Besonders die letzten beiden Punkte bewirken in der Praxis gravierende Probleme.

Der in der DIN 16742 und in der ISO 20457 festgelegte Zeitraum für die Vermessung der Bauteile ist fachlich fundiert begründet. Die Nichtbeachtung für zu nicht Verwendbarkeit der Messergebnisse, da sich die Maße der Formteile durch den nicht vermeidbaren teilweisem Ablauf von Nachschwindung, Nachkristallisation und feuchtigkeitsaufnahmebedingter Quellung in einem nicht quantifizierbaren Zwischenzustand befinden. Alle Maßnahmen welche aus diesem nicht nachvollziehbaren maßlich Zustand abgeleitet werden, können zu diffusen Ergebnissen führen, welche weitere Korrekturen erforderlich werden lassen, ungerechtfertigte Kosten erzeugen und den Projektdurchlauf verzögern.

Die Autoren des vorliegenden Fachbuches haben aus der oben erwähnten Tec-Part-Richtlinie einen Vorschlag erarbeitet, welcher dann zur Grundlage der Erarbeitung im zuständigen Arbeitsausschuss der DIN 16742 wurde. Die verabschiedet DIN 16742 wurde beim zuständigen ISO-Gremium TC 61 WG 3 als Vorschlag zur Erarbeitung der ISO 20457 eingereicht. Im ISO sind ca. 150 Länder organisiert, in die für die Bearbeitung dieser Norm zuständigen Norm Arbeitsgruppe haben sich 29 Länder eingetragen. Es versteht sich von selbst, dass hier entsprechende Kompromisse einzugehen waren.

1.6 Fachlich fundiertes Projektmanagement als Voraussetzung für den Projekterfolg

Projektmanagement soll nicht zum Hauptgegenstand dieses Fachbuches werden. Dennoch wäre es ohne den deutlichen Hinweis auf die entscheidende Voraussetzung des systematisch, professionell und fachlich fundiert arbeitenden Projektmanagements unvollständig.

Das Wort *Management* wird im Deutschen inflationär gebraucht und nicht immer ganz richtig verstanden. Managen bedeutet wörtlich übersetzt: *organisieren, gestalten, beherrschen.*

In der Fertigungsvorbereitung ist es unverzichtbar, dass Prozesse und Teilprozesse organisiert, Geometrien und Fertigungsprozesse gestaltet werden und der gesamte Projektdurchlauf beherrscht wird.

Fragestellungen wie „Was ist denn da nun wieder passiert? - Hoffentlich klappt das!“ - oder „Wie kann man die technologisch bedingte Durchlaufzeit der Prototypenteile beschleunigen?“ deuten eher auf ein Projektchaos als auf ein fundiertes Projektmanagement hin.

Belastbar geplante Projektdurchlaufpläne mit Zeitpuffern und zweifelsfrei abrechenbaren Meilensteinen sind eine Grundvoraussetzung für ein erfolgreiches Projekt, an dessen Ende qualitativ einwandfreie, maßhaltige Formteile stehen, welche dann auch verifizierbar sind.

Was tut wer bis wann?

Diese simple Fragestellung bzw. Festlegung sollte am Ende jeder Projektbesprechung stehen, andernfalls wäre diese von zweifelhaftem Wert.

Sicher kann sich jeder Kraft seiner Funktion oder Inhaberschaft zum Projektleiter- oder Projektmanager ernennen.

Die Erfahrung zeigt aber, dass zwei Voraussetzungen unverzichtbar sind:

1. Die fachliche Kompetenz, unterlegt durch hinreichende Kenntnisse und fundierte Erfahrungen bei der Leitung der anstehenden Projekte.
2. Hinreichend Zeit, um die Teilprozesse mit der gebotenen Sorgfalt betreuen, steuern und die Kommunikation unter den Projektbeteiligten moderieren zu können.

Bei der fehlenden fachlichen Kompetenz ist mit einer gewissen Regelmäßigkeit zu beobachten, dass die davon betroffenen Projektmanager nicht in der Lage sind, die wirklichen Schwerpunkte zu erkennen und zu unüberlegtem Handeln neigen.

Zum Problem für den Projektdurchlauf kann auch ein zeitlich extrem angespannter Projektmanager werden, der entweder zu viele Projekte zeitgleich oder nebenbei noch andere dringende Führungsaufgaben zu bewältigen und dadurch nicht die erforderliche Zeit zur systematischen Bearbeitung der Aufgaben hat.

2 Maßhaltigkeit und geometrische Produktspezifikation

2.1 Geometrische Produktspezifikation und Toleranzarten

Durch technische Zeichnungen und CAD-Datensätze werden geometrisch definierte Körper (Werkstücke, Formteile, Profile) dargestellt. Die beschriebenen Formen, Abmessungen und Oberflächenbeschaffenheiten können niemals absolut genau gefertigt werden. Für alle geometrischen Bestimmungsgrößen müssen daher Toleranzen vereinbart und festgelegt werden, die als Genauigkeitsvorschriften für die Herstellung verbindlich sind.

Zu kleine (enge) Toleranzen erhöhen die Herstellkosten durch Ausschuss bzw. Nacharbeit und/oder durch größeren Fertigungs- und Prüfaufwand. Zu große (grobe) Toleranzen verhindern bzw. erschweren Zusammenbau und Austauschbarkeit und/oder führen zu Funktionsversagen bzw. Funktionseinschränkung bei der Bauteilanwendung. Für eine wirtschaftliche Fertigung ist daher die funktional erforderliche Genauigkeit mit den fertigungstechnischen Möglichkeiten abzustimmen.

Die geometrischen Toleranzen werden durch die geometrische Produktspezifikation (GPS) als international verbindliches Normensystem definiert und quantifiziert. Damit müssen drei Ebenen in widerspruchfreie Beziehungen gebracht werden:

- Die konstruktive Darstellung als technische Zeichnung bzw. als CAD-Datensatz.
- Die materielle Verkörperung durch die Herstellung.
- Die Prüfung zum Zweck der Qualitätssicherung.

Im Normenverzeichnis finden sich wichtige GPS-Normen für die Entwicklungs- und Konstruktionsarbeit. Mittels eines Matrixschemas erfolgt eine Normenzuordnung, die folgende Hierarchieebenen umfasst:

- GPS-Grundnormen
- Globale GPS-Normen
- Allgemeine GPS-Normen
- Ergänzende GPS-Normen

Ein Charakteristikum der ergänzenden GPS-Normen ist ihr Bezug auf spezielle Werkstoff- und/oder Verfahrensgruppen. Die Regeln der übergeordneten Normen gelten auch für ergänzende GPS-Normen mit Ausnahme der Fälle, bei denen ausdrücklich davon abgewichen wird. Ein Beispiel für eine häufige Fehlanwendung von ergänzenden Normen ist die Nutzung der DIN ISO 2768 für Form- und Lageabweichungen von Kunststoff-Formteilen, da diese Norm nur für die spanende Bearbeitung von Metallen gültig ist.

Die geometrischen Toleranzen können aufgrund ihrer Beziehung zu Form, Abmessung, Lage und Oberfläche des Körpers in Toleranzarten unterschieden werden. Diese sind die wichtigsten Zuordnungskriterien für die allgemeinen und ergänzenden GPS-Normen.

Tabelle 2.1 Toleranzarten

Toleranzarten		Zugeordnete Merkmale	GPS-Normen (Beispiele)
Maßtoleranzen	Größenmaße (Längenmaße)	Maße, Abstände	DIN EN ISO 286-1/-2
	Winkelmaße	Richtung	
Form- und Lagetoleranzen		Form, Richtung, Ort, Lauf	DIN EN ISO 1101
Rauheitstoleranzen		Oberfläche	DIN EN ISO 4287

Durch neue bzw. überarbeitete Normen (z. B. DIN EN ISO 14405, DIN EN ISO 1101, DIN EN ISO 8015) sowie durch Zurückziehung von Normen (z. B. DIN 7167) sind für die Formteilentwickler deutlich neue Orientierungen gefordert. Diesbezüglich ist die Form- und Lagetolerierung ein besonderer Schwerpunkt. Eine vollständige Darstellung dieser Problemkreise ist hier nicht möglich. Es wird nur auf Maßdefinitionen nach DIN EN ISO 14405 eingegangen (Bild 2.1), wobei für die nachfolgenden Betrachtungen immer Zweipunktmaße vorausgesetzt werden.

Lineare Maße sind eindeutig durch Abmaße tolerierbar (DIN EN ISO 14405-1). Andere als lineare Maße sind Stufenmaße, Mittenabstände, Radien, Winkelabstände und Konturmaße für Freiformflächen, deren vollständige Beschreibung die Einbeziehung von Form- und Lageabweichungen durch Profil- und Positionstoleranzen erfordert (Bild 2.2). Im Sinne von DIN EN ISO 17450-1 wurde Begriff Größenmaß (engl.: feature of size) als Abstand zwischen zwei entgegengerichteten Punkten, deren Lage für die Messung genau zu definieren ist, eingeführt werden. Die konsequente Unterscheidung von Größenmaßen (DIN EN ISO 14405-1) und den als andere als lineare Maße (DIN EN ISO 14405-2) bezeichneten geometrischen Bemaßungen ist eine unverzichtbare Grundlage für die Anwendung der GPS-Normen.

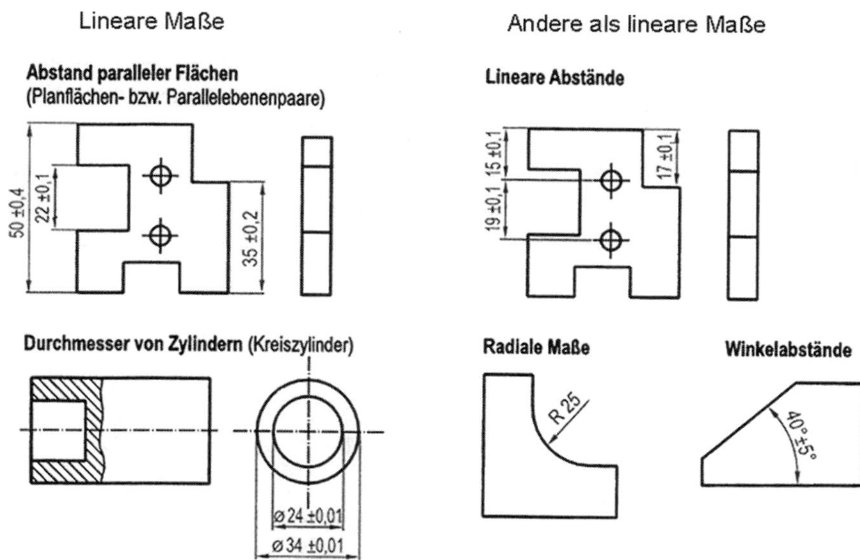

Bild 2.1 Maßdefinition nach DIN EN ISO 14405 (nach Prof. Dr. V. Läpple)

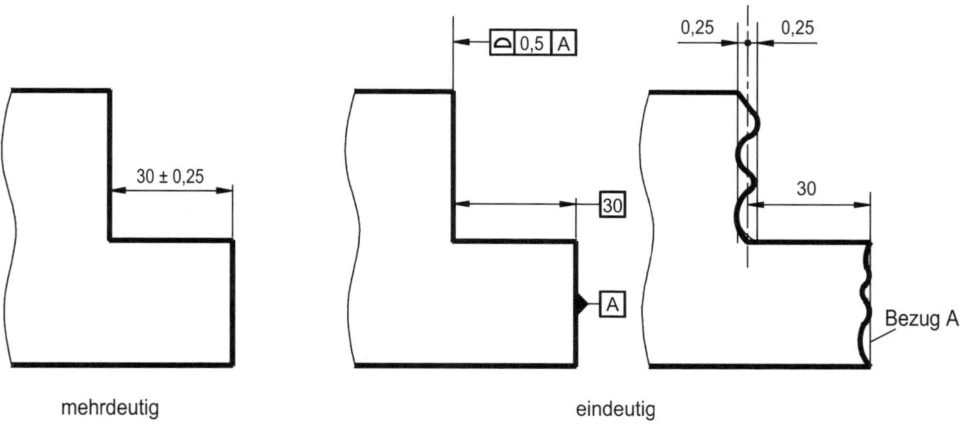

Bild 2.2 Beispiel für eindeutige Bemaßung (Stufenmaß) nach DIN EN ISO 14405-2

Die Darstellung zeigt eindrucksvoll, dass eine definierte Ausrichtung der Bauteile eine unverzichtbare Voraussetzung für das Vermessen der Teile ist. Allerdings unterscheidet sich die Ausrichtung zwischen mechanisch bearbeiteten Metallteilen und urgeformten Kunststoff-Formteilen grundsätzlich.

Während es bei spanend bearbeiteten Metallteilen oft sehr sinnvoll ist diese an Referenzflächen auszurichten, ist diese Vorgehensweise bei urgeformten Kunststoff-Formteilen nur in sehr seltenen Ausnahmefällen sinnvoll. Kunststoff-Formteilen verfügen sehr oft über eine Flexibilität, welche deutlich größer als die geforderte Toleranzen sind. Hinzu kommt das Auftreten von Geometrieabweichungen der Oberflächen durch Einfallstellen und Verzug. Dem Rechnung tragend fordern sowohl die DIN 16742 als auch die ISO 20457 die Vergabe von Bezugsstellen zu Ausrichtung von Bauteilen aus Kunststoff. Diese Bezugsstellen sollten funktionsgerecht vergeben werden. Das bedeutet, dass genau an den Flächen bzw. Stellen an den das Bauteil im Zusammenbau, somit in der Funktion ausgerichtet sollten sich auch die Bezugsstellen für die Vermessung befinden. Nur dann besteht eine Kausalität zwischen dem Messergebnis uns der sicheren Erfüllung der Funktion des Bauteils.

2.2 Toleranzfeldlagen und Tolerierungsarten für die Formteilfertigung

Für Formteilzeichnungen bzw. entsprechende CAD-Datensätze ist eine Tolerierung mittels symmetrischer Grenzabmaße in DIN 16742 sowie in der ISO 20457 normativ vorgegeben (Bild 2.3).

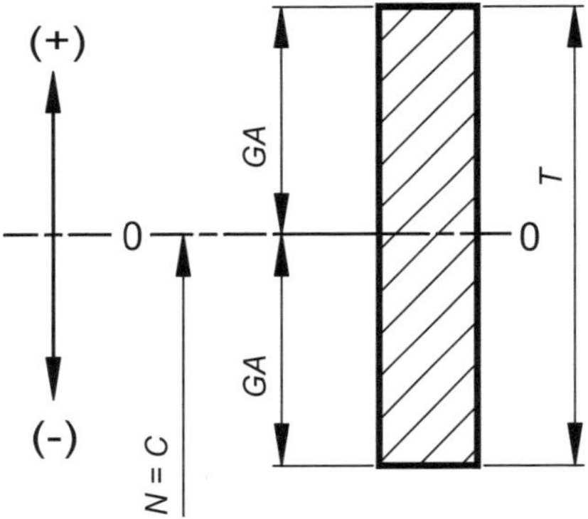

Bild 2.3 Symmetrische Toleranzfeldlage

Eine Begründung für diese Toleranzfeldlage findet sich in Kapitel 1 „Grundsätze zur Entwicklung maßhaltiger Formteile“. Asymmetrische Toleranzen von Passteilen können auf Toleranzmittenmaß als Nennmaß umgerechnet werden: $90_{-0,6} = 89,7 \pm 0,3$. Maßvorhaltungen an den Werkzeugkonturen sind kein Grund für eine asymmetrische Tolerierung, da sie nichts mit der Formteiltolerierung zu tun haben.

Asymmetrische Tolerierung ist temporär zulässig, wenn nach Erprobung eines Werkzeuges die Formteiltoleranzen durch eine aktuell erforderliche Toleranzfeldlage korrigiert werden müssen. Dabei ist aber unbedingt zu beachten, dass bei Folge- oder Neukonstruktionen diese Asymmetrie nicht als Konstruktionsgrundlage übernommen wird.

Indirekte Tolerierung mit Allgemeintoleranzen

Maße ohne Toleranzangabe am Nennmaß werden durch Pauschalangabe einer Toleranzgruppe (TG) nach DIN 16742 in Zeichnungen festgelegt: z.B. DIN 16742 - TG6 bzw. ISO 20457 - TG 6. Sie gelten für alle Formteilmaße, an die keine herausgehobenen funktionswichtigen Genauigkeitsforderungen erhoben werden. Allgemeintolerierte Maße sind keine Prüfmaße. Bei Nichteinhaltung der Allgemeintoleranzen ist keine automatische Zurückweisung möglich, sofern die Funktion des Formteils nicht beeinträchtigt wird, da diese Abweichungen dem juristischen Begriff des untergeordneten Mangels entsprechen. Da dieser im Bürgerlichen Gesetzbuch geregelt ist und dies ein verbindlicheres Gesetz ist, kann dies auch nicht in einer internen Werksnorm anders geregelt werden.

Direkte Tolerierung durch Abmaßangabe am Nennmaß

Für Formteilmaße mit begründet hohen Maßhaltigkeitsforderungen muss die Maßtoleranz durch Abmaße direkt angegeben werden, Beispiel: 50 ± 0.5. In der GPS-Normung wurde für direkt tolerierte Maße der Begriff individuell tolerierte Maße eingeführt. Für eine Übergangszeit wurden, zum besseren allgemeine Verständnis, in der ISO 20457 zunächst noch beide Begriffe nebeneinander verwendet. Dabei ist hinsichtlich der Maßbegrenzungslinien oder -punkte zu beachten, dass es sich um Prüfmaße (Kontrollmaße, Abnahmemaße) handelt. Aus wirtschaftlichen Gründen sollte die Anzahl direkt tolerierter Maße pro Formteil möglichst gering gehalten werden. Formteile ohne direkt tolerierte Maße sind keineswegs selten, sofern die Funktionsanforderungen realistisch eingeschätzt werden.

Entformungsschrägen (Aushebeschrägen)

Dies sind fertigungsbedingte Neigungen am Formteil in Entformungsrichtung beweglicher Werkzeugteile (Stempel, Schieber, Backen), die als integraler Bestandteil der Formteilzeichnung bzw. des CAD-Datensatzes vom Formteilkonstrukteur für Werkzeugkonstruktion und Werkzeugbau sowie Teilefertigung vorzugeben sind. Zahlenwerte der Neigungen bzw. Neigungswinkel sind von der Werkzeugkonturbeschaffenheit (glatt, strukturiert) sowie von den Kunststoffeigenschaften abhängig und im Regelfall als Erfahrungswerte oder als strukturabhängige Vorgabewerte bekannt.

Die Neigung der Entformungsschräge ist eine mathematisch definierte Konstruktionsvorgabe. Sie ist daher keine statistisch interpretierbare Maßstreuung oder Form- und Lageabweichung mit Einfluss auf das Istmaß der Formteile. Lediglich Maßstreuungen durch die Konturbearbeitung sind Bestandteil der Maßtoleranz.

Eine Zusammenfassung von Neigungsmaßdifferenz und Formteiltoleranz ist daher prinzipiell nicht möglich. Selbst in älteren Toleranznormen für Kunststoff-Formteile (z.B. DIN 16901, SN 277012) wird explizit auf die Trennung von Maßtoleranz und Entformungsneigung hingewiesen.

Wenn trotz allem in der Praxis relativ häufig die fertigungsbedingte Neigung als Bestandteil der Formteiltoleranz gefordert wird, so beruht dies offenbar auf einem Missverständnis der Hüllbedingung nach der zurückgezogenen DIN 7167. Es soll daher am Beispiel einer einfachen Konturgeometrie die Unzulässigkeit dieser Vorgehensweise erläutert werden (Bild 2.4).

Bei Vorgabe einer funktional erforderlichen Formteiltoleranz (z.B. $T_F = 0{,}5$ mm) und eines Neigungswinkels (z.B. $\alpha = 1°$) ist diese Toleranz in einer Formteiltiefe $h = 14{,}3$ mm für d_{max} erreicht. Größere Formteiltiefen würden für d_{max} eine Überschreitung der Toleranz bedeuten. Kleinere Formteiltiefen verringern die verfügbare Toleranz bis auf den fertigungstechnisch unsinnigen Wert von $T_F = 0$ für d_{min}.

Zur direkten Tolerierung von geneigten Flächen mit Abmaßen ist der jeweilige Maßbezugspunkt mit Ortskoordinaten eindeutig anzugeben. Beispiele für eine punktbezogene Bemaßung sind in Bild 2.5 angegeben.

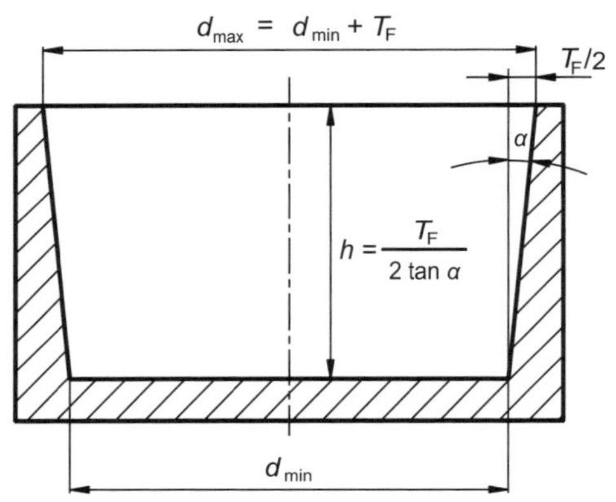

Bild 2.4 „Ausnutzung" der Formteiltoleranz als Entformungsneigung

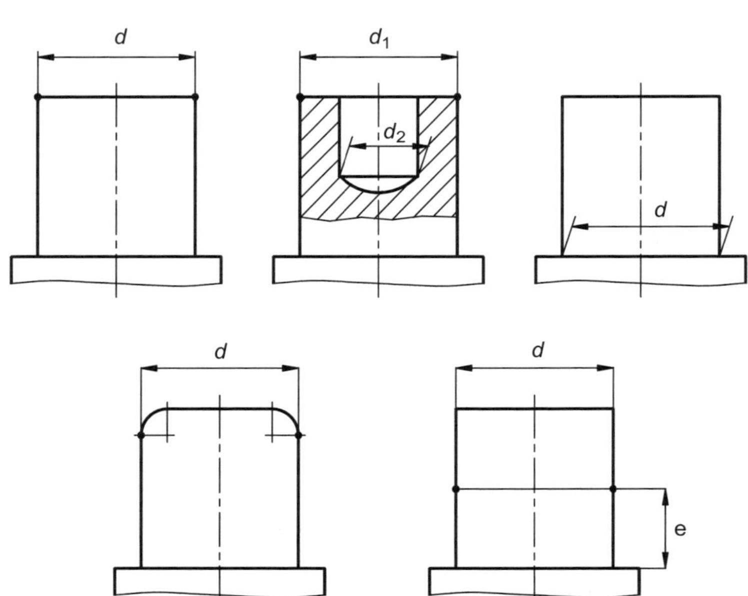

Bild 2.5 Punktbezogene Bemaßung für geneigte Flächen

2.3 Wirkzusammenhänge von Maßen (Toleranzanalysen)

Bezüglich der Wirkzusammenhänge von Maßen und den damit verbundenen Methoden der Toleranzanalyse können verschiedene Kategorien unterschieden werden.

Unabhängige Maße

Maße, die keine nennenswerten Auswirkungen durch Maßabweichungen auf andere Maße haben. Solche Maße erfordern nur Allgemeintoleranzen.

Passmaße

Passmaße entstehen durch das Zusammenwirken gefügter Einzelteile mit dem Funktionscharakter Spiel oder Übermaß der Passung. Bei mehr als zwei gefügten Einzelteilen spricht man von Mehrfachpassungen (Bild 2.6).

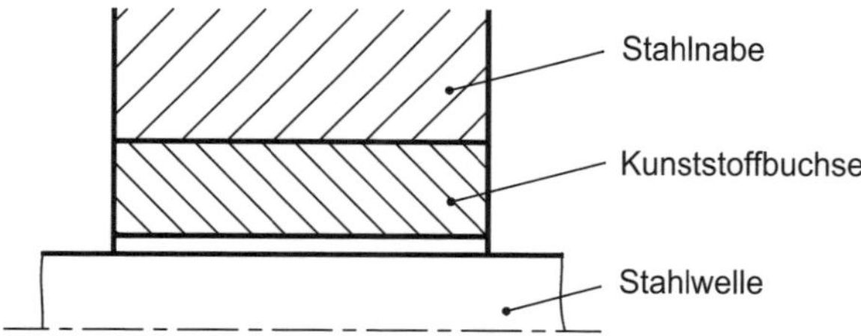

Bild 2.6 Zweifachpassung (Gleitlager)

Die Passungsfunktionen für die Passungssysteme Einheitswelle und Einheitsbohrung sind im Bild 2.7 und Bild 2.8 dargestellt. Die Tabelle 2.2 erläutert die Passungsmaße.

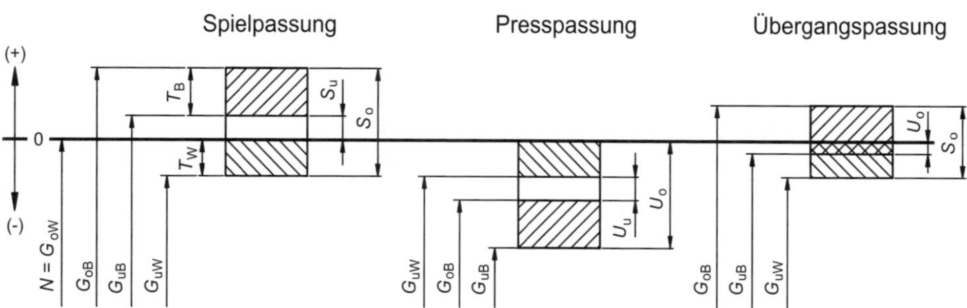

Bild 2.7 Passungssystem Einheitswelle (EW)

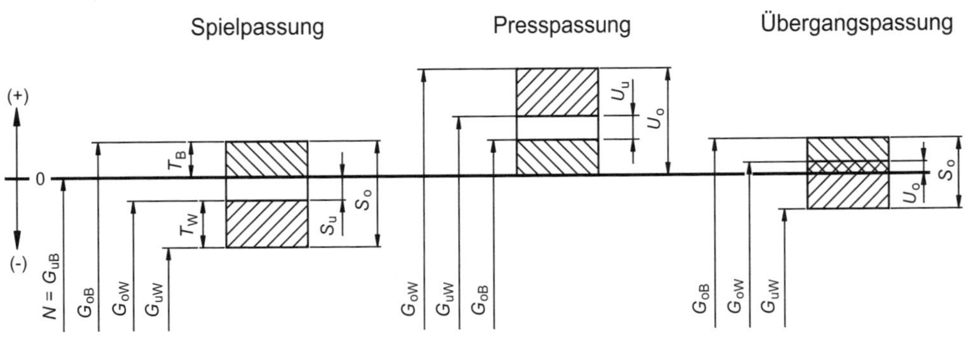

Bild 2.8 Passungssystem Einheitsbohrung (EB)

Tabelle 2.2 Passungsmaße

Begriffe		Kurzzeichen
Grenzmaße	Höchstmaß (Größtmaß)	G_{oW} , G_{oB}
	Mindestmaß (Kleinstmaß)	G_{uW} , G_{uB}
Grenzspiele	Höchstspiel (Größtspiel)	$S_o = G_{oB} - G_{uW}$
	Mindestspiel (Kleinstspiel)	$S_u = G_{uB} - G_{oW}$
Grenzübermaße	Höchstübermaß (Größtübermaß)	$U_o = \lvert G_{uB} - G_{oW} \rvert$
	Mindestübermaß (Kleinstübermaß)	$U_u = \lvert G_{oB} - G_{uW} \rvert$

Indizierung: $_W$ Welle $_B$ Bohrung

Einzelheiten zur Bildung der Toleranzklassen für Wellen- und Bohrungsmaße der Passungssysteme können der Fachliteratur [1] und der DIN EN ISO 286 entnommen werden. Es sei ausdrücklich vermerkt, dass diese Bildungsgesetze unabhängig von der Toleranzgröße sind und daher auch für Passungen der Paarung „Kunststoff mit beliebigen Werkstoffen“ anwendbar sind.

Die Auswahlpassungen nach DIN 7157 sind allerdings für Kunststoff-Formteile nahezu unbrauchbar, wenn man von wenigen Fällen der Spielpassungen bei Präzisionsfertigung absieht. Offensichtlich sind diese Auswahlpassungen für die mechanische Bearbeitung von Metall vorgesehen.

Diese Einschränkung bedeutet aber nicht, dass neue Passungssysteme für Kunststoffwerkstoffe notwendig sind, da die bereits etablierten Systeme nach DIN EN ISO 286 für die Bildung von Passungen mit größeren Maßtoleranzen ausreichen. Außerdem sollten sich einige Konstrukteure an den Gedanken gewöhnen, dass z. B. Spiele von einigen Millimetern auch zu Passungspaarungen gehören können. Diesbezüglich gibt es keine begrenzenden Festlegungen. Für Presspassungen von Kunststoffteilen sind wegen deren geringen Steifigkeiten die möglichen Übermaße u. U. mehr als das Hundertfache größer als bei Metallteilen.

Maßketten

Aneinanderreihung von funktionsbedingten Einzelmaßen bei Einzelteilen oder Baugruppen und dem davon abhängigen Schlussmaß in einer geschlossenen Maßkette (Linienzug der Kettenglieder).

Die Toleranzanalyse von Maßketten erfolgt im Regelfall durch computergestützte Toleranzkettenrechnung nach unterschiedlichen Methoden. In Tabelle 2.3 sind Kurzcharakteristiken dieser Methoden angegeben.

Tabelle 2.3 Methoden der Toleranzkettenanalyse

Analysenmethode	Austauschbarkeit bei Montage
Maximum-Minimum-Methode (Worst Case-Methode)	vollständig gesichert
Wahrscheinlichkeitstheoretische Methode (Monte Carlo-Methode)	gesichert mit statistischem Risiko
Kompensationsmethode	abhängig von der Kompensatorfunktion
Gruppensortiermethode	unvollständig

Derzeitig ist die Toleranzkettenrechnung sehr weit verbreitet. Die Festlegung der Toleranzen nach Maximum-Minimum-Methode bzw. der wahrscheinlichkeitstheoretischen Methode, ist auch für Formteilentwickler von nicht formsteifen Kunststoff-Formteilen zur geforderten Routine geworden. Es wird aber dabei nicht immer beachtet, dass für alle Berechnungsmodelle der absolut starre Körper vorausgesetzt wird. Diese Bedingung ist für Kunststoffe (geringer E-Modul) häufig nicht erfüllt. Erheblich erschwerend wirkt sich außerdem der Verzug der Formteile auf die Rechenergebnisse aus. Es kann daher gefolgert werden, dass Toleranzanalysenmodelle mit der Annahme des starren Körpers für Kunststoff-Formteile meist ungeeignet sind. Ähnliche Probleme ergeben sich bei dünnwandigen Blechkonstruktionen (z. B. im Automobilbau). Es sei hier auf diesbezügliche Lösungsversuche hingewiesen [2].

Durch die nicht zu treffenderweise vorausgesetzte Formsteifigkeit der Kunststoff-Formteile entstehen oft sehr kleine Toleranzen, welche, bedingt durch die in der Praxis vorhandene Flexibilität, nicht die Grenzen der Funktionalität beschreiben. Dies steht nicht nur im Widerspruch zum Inhalt der DIN EN ISO 8015 sondern treibt auch die Fertigungskosten für die Formteile völlig ungerechtfertigt in die Höhe.

Kompensationsmethode

Für Kunststoffe wird der Toleranzausgleich mit der Kompensationsmethode ermöglicht, wobei ein Kettenglied der Maßkette als leicht verformbarer Kompensator genutzt wird. Eventuell kann durch konstruktive Anpassung erreicht werden, dass das Kompensationskettenglied bei der Montage auch manuell verformbar ist. Die Toleranzkompensation durch ein elastisch verformbares Kettenglied wird auch in den Normen DIN 16742 und ISO 20457 empfohlen.

Die häufige Montageerfahrung bei Kunststoffteilen „Es zieht oder drückt sich doch hin“ soll am Beispiel einer einfachen Biegungssituation nach Bild 2.9 und deren Auswertung nach Tabelle 2.4 gezeigt werden.

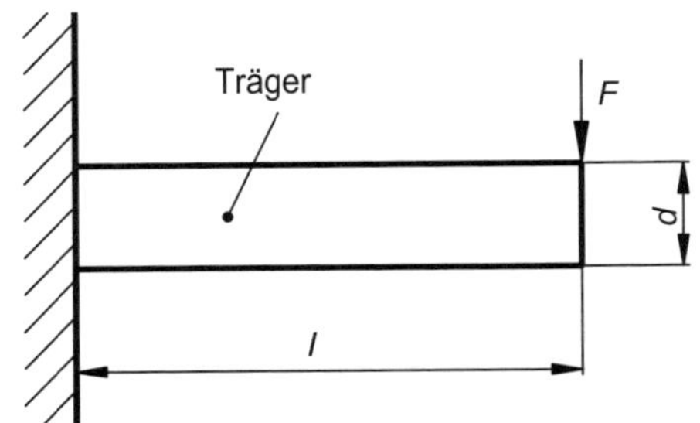

Biegekraft:

$$F = \frac{3\,E \cdot I \cdot f}{l^3} \qquad I = \frac{\pi \cdot d^4}{64}$$

E E-Modul $\quad$ I Flächenträgheitsmoment
l Länge $\quad$ f max. Durchbiegung

Bild 2.9 Biegungssituation

Tabelle 2.4 Auswertung der Biegungssituation nach Bild 2.9 für Stahl und Polymere ohne Feststoffzusätze (Zahlenbeispiel: f = 2 mm, d = 5 mm, l = 50 mm)

Werkstoffe	E in N/mm²	*F* in N
Stahl	200 000	295
LCP	über 5000 bis 20 000	7,4 bis 29,6
Harte Thermoplaste, Duroplaste, Hartgummi	über 1200 bis 5000	1,8 bis 7,4
Halbharte bis weiche Thermoplaste, thermoplastische Elastomere und Gummi mit unterschiedlichen Härtegraden	über 300 bis 1200	0,44 bis 1,8
	30 bis 300	0,044 bis 0,44
	unter 30	unter 0,044

E: Ursprungs-E-Modul aus der Kurzzeitzugprüfung nach DIN EN ISO 527 bei 23 °C mit normal konditionierten Prüfkörpern

Unabhängigkeitsbedingung und Hüllprinzip

Nach DIN EN ISO 8015 muss jede Anordnung von Maß-, Form-, und Lagetoleranzen unabhängig voneinander eingehalten werden. Zur Sicherstellung einer Passungsfähigkeit kann für begrenzte Stellen eine Hüllbedingung im Sinne der zurückgezogenen DIN 7167 durch besondere Kennzeichnung angegeben werden, sofern deren Einhaltung realistisch ist.

2.4 Toleranzfestlegung

Bei den Kooperationsbeziehungen zwischen Formteilentwicklung, Formteilfertigung und Werkzeugbau ist die nachfolgende sachlogische Bearbeitungsfolge bei der Toleranzfestlegung einzuhalten.

Funktionsbedingung

Der Formteilkonstrukteur entscheidet bei Berücksichtigung der Formteilanforderungen über die funktional erforderlichen Toleranzen, die sich aus den Anwendungs- und Montagebedingungen ergeben. Der Einfluss der Anwendungsbedingungen als zusätzliche Maßbezugsebene für Kunststoff- Formteile wird wegen der großen Bedeutung ausführlich im Kapitel 4 „Maßbezugsebenen für die Anwendung und Fertigung von Formteilen“ behandelt.

Grundsatz

Nach DIN EN ISO 8015 beruhen Funktionsgrenzen auf einer vollständigen Untersuchung, die theoretisch und experimentell oder als Kombination von beiden durchgeführt wurde. Toleranzgrenzen stimmen mit den Funktionsgrenzen ohne Unsicherheit überein. Damit wird festgelegt, dass das Formteil innerhalb der Toleranzgrenzen zu 100 % funktioniert und außerhalb der Toleranzgrenzen versagt. Dieser in DIN EN ISO 8015 eindeutig formulierte Grundsatz stellt an den Formteilentwickler hohe Anforderungen bei der Toleranzfestlegung. ■

Eine weit verbreitete Unsitte ist die Festlegung zu kleiner „Angsttoleranzen“. Übliche Ausreden, wie „nach unserer Erfahrung“ oder „aus Sicherheitsgründen“ sind zur Begründung kleiner Toleranzen wenig hilfreich und meist auch nicht zutreffend. Konstrukteure mit ausschließlicher Tolerierungspraxis für Metallteile neigen häufig aus Unkenntnis oder Gewohnheit bei der Tolerierung von Kunststoffteilen zu kleinen Toleranzen, die oft weder fertigungstechnisch realisierbar noch funktionell erforderlich sind. Aus dem Blickwickel der Messbarkeit sind viele Formteile oft sehr zweifelhaft. In solchen Fällen hat dann der Formteilabnehmer keinen Grund zu Beanstandungen, und der Formteilhersteller wähnt sich u. U. in der Position eines Präzisionsspritzgießers - ein „Hornberger Schießen“ mit großer Illusionsgefahr. Besteht der Formteilabnehmer trotzdem auf Einhaltung der kleinen Toleranzen, so ist im juristischen Sinne der Hersteller auf der Verliererstraße, da die tolerierte Zeichnung Bestandteil des Liefervertrages ist.

Da ein zertifiziertes Unternehmen nicht der Spezifikation entsprechenden Bauteile nicht verbauen darf, stellt das, wie auch immer motivierte, Festlegen von kleineren Toleranzen als die Gewährleistung der Funktion es unbedingt erfordert, auch ein Risiko für den Teileabnehmer dar. Es ist durchaus erschreckend, wie oft in der Praxis Maße mit sinnlos kleinen Toleranzen in der Endphase von Projekten „gesundgebetet“ oder „hin gemogelt“ werden. Kosten scheinen in dieser Phase keine Rolle mehr zu spielen. Zu empfehlen wäre während der Entwicklung, wie in der DIN EN ISO 8015 gefordert, mehr Aufwand in Bestimmung der die Funktion absichernden Toleranzen zu investieren und dafür die Anpassungs- und Projektmanagementkosten, vor allem aber die erhöhten Fertigungskosten durch zu enge Toleranzen zu sparen.

Echtes Erfahrungswissen zur Toleranzbestimmung kann aus systematischen Analogieschlüssen zu bisher entwickelten und gefertigten Formteilen gewonnen werden. Durch Versuche beim zukünftigen Formteilhersteller mit vorhandenen Alt-, Vorserien- oder Prototypenwerkzeugen können ggf. die Toleranzgrenzen der Fertigung durch Variation der Prozessparameter getestet werden, wobei geometrisch ähnliche Formteile u. U. ausreichende Ergebnisse ermöglichen. Bei entsprechend großer Serienstückzahl bzw. bei großer Bedeutung der Formteile sind u. U. auch Versuche unter Anwendungsbedingungen (z. B. Bewitterungstest) für die Bestimmung der Fertigungstoleranzen unerlässlich. Eine weitere Methode zur Erzeugung von Bauteilen mit bestimmten Grenzmaßen ist das spanende Abtragen und/oder das schichtenweise Auftragen von Kunstharz oder Füllersprays.

Die Bestimmung von Funktionstoleranzen ist auch durch mehr oder weniger genaue Berechnungen möglich. Dabei handelt es sich häufig um die Erfassung der Anwendungsbedingungen mit den Einflüssen Wärmedehnung oder Wärmekontraktion, Nachschwindung, Quellung, Verschleiß sowie Verformungen durch mechanische Belastungen. Diesbezügliche Berechnungsmethoden werden im Kapitel 4 „Maßbezugsebenen für die Anwendung und Fertigung von Formteilen“ erläutert und an einem Beispiel demonstriert.

Fertigungsbedingung

Die Funktionstoleranz muss dahingehend überprüft werden, ob sie mit dem vorgesehenen Verfahren und dem Kunststoff realisiert werden kann. Grundlage einer solchen Bewertung ist die DIN 16742/ISO 20457, deren Handhabung im Kapitel 8 „Fertigungstolerierung nach DIN 16742/ISO 20457“ ausführlich behandelt wird. Neben Verfahren und Formstoffeigenschaften spielt der zu leistende Fertigungsaufwand der Formteilhersteller eine entscheidende Rolle. Bei höheren Anforderungen an die Genauigkeit (z. B. Präzisionsfertigung) muss die fertigungstechnisch mögliche Toleranz mit dem Hersteller vereinbart werden, wobei dann auch Preiszuschläge zu verhandeln sind. In jedem Fall ist eine frühzeitige und enge Kooperation zwischen Formteilabnehmer und -hersteller wünschenswert. Es ist dann auch u. U. zu akzeptieren, wenn die Funktionsforderungen beim besten Willen nicht erfüllbar sind. Es sei ausdrücklich vermerkt, dass die DIN 16742 / ISO 20457die fertigungstechnischen Möglichkeiten der Formteilfertigung repräsentiert. Wenn die Funktionstoleranz größer als die mögliche Fertigungstoleranz ist, muss aus wirtschaftlichen Gründen natürlich die Funktionstoleranz auf der Zeichnung angegeben werden. Ein einfaches „Abschreiben“ von Toleranzen aus der DIN 16742/ISO 20457 ist mit der Zielstellung der Norm nicht vereinbar. In diesem Zusammenhang sei nochmals darauf verwiesen, dass für die Funktion vieler Formteile Allgemeintoleranzen ausreichend sind.

Fazit

Eine sachlich richtige Toleranzbestimmung und eine erfolgreiche Formteilentwicklung setzen effektives Projektmanagement und eine enge Zusammenarbeit aller Kooperationspartner voraus. Einige Aspekte benötigen sicherlich auch zusätzliche finanzielle Aufwendungen. Wir empfehlen für alle in der Praxis auftretenden Fehlleistungen und Terminkatastrophen eine Kostennachkalkulation. Es darf mit Sicherheit gefolgert werden, dass damit alle zeitlich vorgelagerten Zusatzaufwendungen um ein Vielfaches abgegolten werden. Außerdem sollte die Binsenweisheit nicht vergessen werden, dass zu gutem Projektmanagement der Einsatz von Personal mit ausreichenden Sachkenntnissen gehört.

2.5 Rauheitstoleranzen

Aus Design- und Funktionsforderungen an das Kunststoff-Formteil (Glätte, Glanz, Struktur) sowie an dessen Herstellbarkeit (Entformung, Nachbehandlung, Belagbildung) lassen sich entsprechende Oberflächenqualitäten herleiten. Erfahrungsgemäß ist die Ausbildung einer glatten Formteiloberfläche erheblich vom Kunststofftyp und den Verarbeitungsbedingungen abhängig. Daher gibt es offenbar keinen handhabbaren Qualitätsstandard, der die Formteiloberfläche direkt beschreibt. Somit wird versucht, durch die Rauheit der Werkzeugkonturen auf indirektem Wege die Qualität glatter Formteiloberflächen festzulegen. Orientierungswerte der Rauheiten wurden bei Berücksichtigung der DIN 16747 (1981) nach [5] [6] in Tabelle 2.5 zusammengestellt.

Tabelle 2.5 Orientierungswerte der Rauheiten glatter Werkzeugkonturen

Konturoberflächenqualität	Bearbeitungszustand	R_a in µm
Technisch rauh	Ohne Feinbearbeitung	≥ 3
Glatt	Geglättet durch Feinbearbeitung (z. B. Schleifen)	0,8 bis 1,6
Glänzend	Grobpolitur	0,2 bis 0,4
Hochglänzend	Feinpolitur	0,05 bis 0,1
Spiegelnd (optische Sonderqualität)	Feinstpolitur	0,012 bis 0,025

Die Abstufung der Konturoberflächenqualität erfolgt durch Mittenrauwerte R_a nach DIN EN ISO 4287. Als grobe Richtwerte können auch die mittleren Rauheiten $R_z \approx (4 \text{ bis } 5)\, R_a$ dienen.

Bei der Entscheidung zur Oberflächenqualität ist zu berücksichtigen, dass mit zunehmender Poliergüte die Kosten für Fertigung und Wartung der Werkzeuge überproportional ansteigen, während die Abbildungsgenauigkeit auf der Formteilfläche abnimmt. Kunststofftyp und Verarbeitungsbedingungen können ebenfalls die Abbildungsreproduzierbarkeit erheblich beeinflussen. Sehr hoher Einspritzdruck und große Einspritzgeschwindigkeit können zum Schmelzenbruch mit unregelmäßigen Oberflächenmarkierungen (Rillen, matte Flecke u. a.) führen (Kapitel 5 „Kunststoffeigenschaften und deren Einfluss auf die Formteile unter Berücksichtigung der Maßhaltigkeit"). Einige Softwareprogramme für die Füllbildsimulation zeigen solche kritischen Bereiche an. Ähnliche Oberflächenerscheinungen sind bei sehr niedrigen Werkzeugkonturtemperaturen (Intensivkühlung) zu erwarten. Weiterhin sollte beachtet werden, dass die Richtung der Konturbearbeitung u. U. die Entformungskräfte erheblich beeinflussen kann.

Insbesondere die optische Sonderqualität (spiegelnde Oberfläche) sollte nur für gut fließende transparente Kunststoffe bei speziellen Anforderungen (z. B. Linsen, Skalen, CD, DVD) vorgesehen werden. Für Hartverchromung und Galvanoeinsätze ist diese Oberflächengüte nur durch Nachpolitur zu erreichen. Einige Formmassehersteller bieten Typen mit verbesserter Abbildungsgenauigkeit an, z. B. auch durch verbesserte Fließfähigkeit. In solchen Fällen ist aber ratsam, auf das Niveau der mechanischen Eigenschaften zu achten.

Sind nur für Teilflächen des Formteils höhere Qualitätsanforderungen notwendig, so sind diese in üblicher Weise in den Konstruktionsunterlagen zu kennzeichnen.

Vereinbarungen zur Qualität von Werkzeugkonturoberflächen werden häufig mit Bezug auf Vergleichsnormale (z. B. VDI 3400) getroffen. Für strukturierte Flächen sind Oberflächenvergleichsnormale durchgängige Praxis.

3 Einführung in das funktionsorientierte Toleranzdesign

Martin Bohn, Klaus Hetsch

Es finden sich in der Praxis oft Zeichnungen ähnlich der des folgenden Bilds. Die Zweipunktmaße in der Zeichnung sehen einfach und übersichtlich aus.

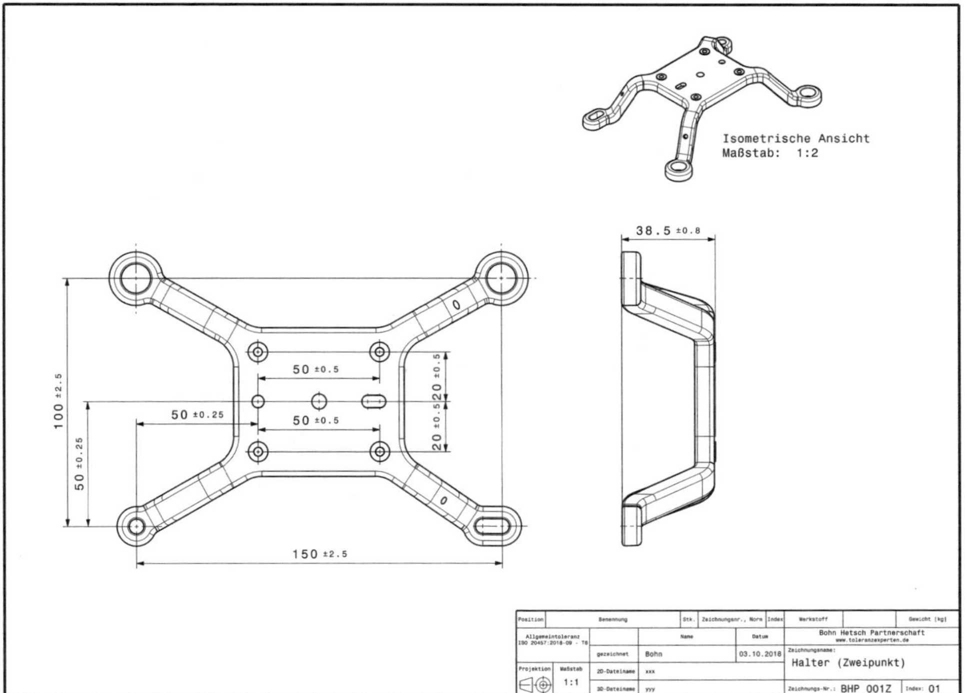

Bild 3.1 Zeichnung eines Halters mit Zweipunktmaßen

Die Maße sind jedoch nicht eindeutig und darüber hinaus schwer bzw. unmöglich korrekt und reproduzierbar zu messen. Daher schreibt die DIN EN ISO 14405 vor, dass Bezüge und Toleranzsymbole zu verwenden sind.

Aus der Zeichnung mit Zweipunktmaßen sind die Funktionen wie z. B. die Ausrichtung des Halters beim Verbau nicht erkennbar.

Einen Ansatz dieses Problem zu lösen und somit die Qualität der Produktspezifikation signifikant zu steigern, bietet das funktionsorientierte Toleranzdesign.

Das funktionsorientierte Toleranzdesign beinhaltet alle Schritte, ausgehend von den Anforderungen, bis hin zur fertig spezifizierten Zeichnung. Es beinhaltet auch das klassische Toleranzmanagement. Das funktionsorientierte Toleranzdesign ist sowohl auf Einzelteile als auch Zusammenbauten und komplette Produkte anwendbar und läuft während des gesamten Produkt- und Prozessentwicklungsprozesses mit zunehmender Detailierung mit. Weitere Details finden Sie im Buch *Funktionsorientiertes Toleranzdesign* des Hanser Verlags [9].

Das folgende Bild zeigt die Einzelschritte. Das Vorgehen des funktionsorientierten Toleranzdesign wird am Beispiel eines Halters erklärt.

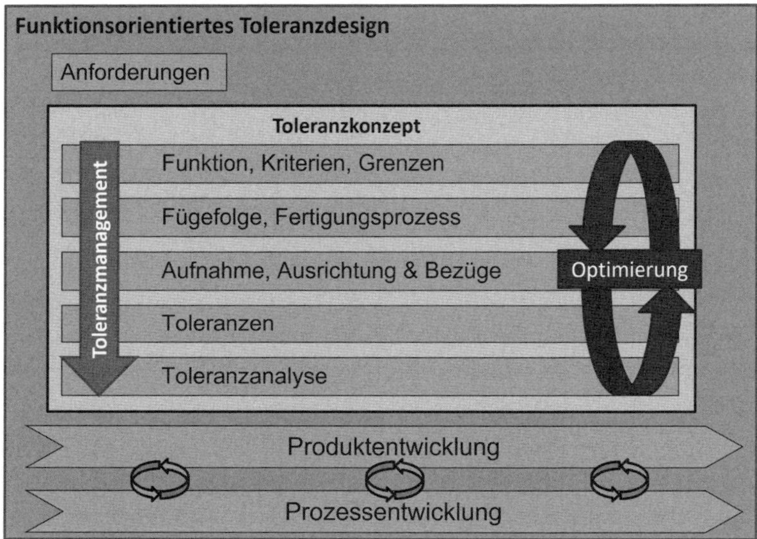

Bild 3.2 Funktionsorientiertes Toleranzdesign [9]

Aus den *Anforderungen* an den Halter werden die Funktionen des Halters abgeleitet. Die Anforderung an den Halter ist die Befestigung eines Sensors an einem Produkt, um zu einer definierten Sensorausrichtung zu gelangen. Das folgende Bild zeigt die wesentlichen Funktionen.

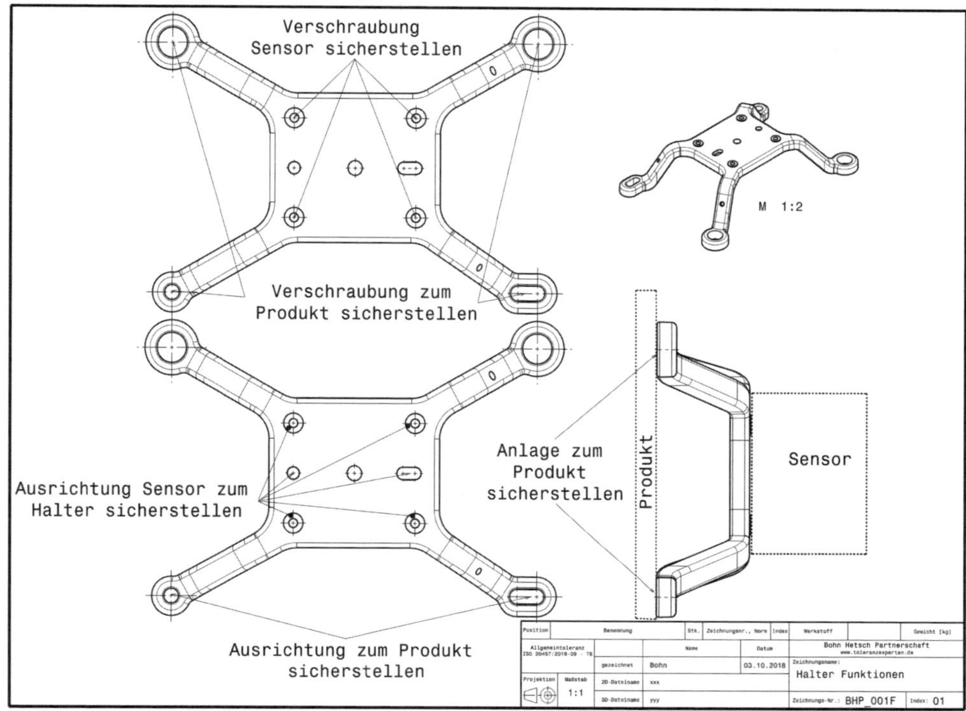

Bild 3.3 Funktionen des Halters

Alle Funktionen müssen vollständig mit Bezügen und Toleranzen beschrieben werden.

Im nächsten Prozessschritt wird der *Fertigungsprozess* betrachtet. In diesem Beispiel ist es ein einfacher Spritzgussprozess. Somit sind keine weiteren Betrachtungen erforderlich.

Komplexere Fälle und die dazu gehörigen Betrachtungen wären beispielsweise:

- 2K-Spritzgussprozess → Spezifikation, wie die erste Komponente zum Werkzeug der zweiten Komponente ausgerichtet werden soll
- nachfolgender Temperprozess → Spezifikation der Bauteilaufnahme

Die *Ausrichtung* des Halters zum Produkt ist bereits in der Funktionsdarstellung beschrieben.

3.1 Bezüge

Die Grundlagen von Bezügen und Bezugssystemen sind in der DIN EN ISO 5459 beschrieben. Ziel von Bezügen und Bezugssystemen ist es, die Lage eines Bauteils im Raum zu definieren und Toleranzen darauf zu beziehen.

Bei Bezügen wird zwischen Bezugselementen und Bezugsstellen unterschieden (siehe folgendes Bild).

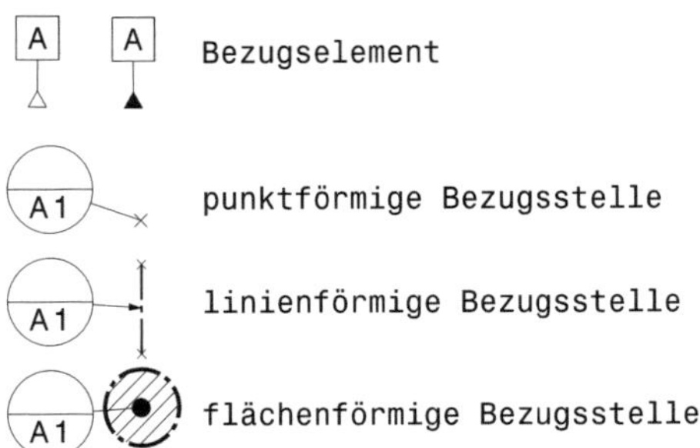

Bild 3.4 Bezüge

Ein Bezugselement ist immer ein ganzes Geometrieelement (z. B. Fläche) und eine Bezugsstelle ist nur ein Teil eines Geometrieelements (z. B. Teilfläche von der Größe eines Spanners). Auf Grund der besonderen Eigenschaften, wie z. B. die geringe Steifigkeit und das Verzugsrisiko von Kunststoff-Formteilen, ist hier die Vergabe von Bezugsstellen dem Bezugselement vorzuziehen.

Ein Bezugssystem wird oft aus drei senkrechten Ebenen aufgebaut. Für die Primärebene werden drei Bezugsstellen benötigt. Für die Sekundärebene nur noch zwei, da diese senkrecht auf der Primärebene steht. Für die Tertiärebene reicht ein Punkt, da sie senkrecht zu den beiden anderen Ebenen steht.

Das folgende Bild zeigt ein typisches Problem von Kunststoffformteilen. Auf Grund der oft geringen Steifigkeit sind statisch überbestimmte Bezüge häufig anzutreffen.

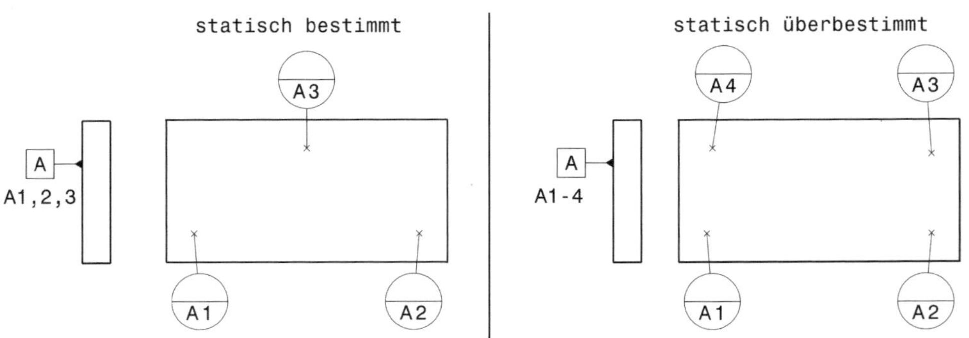

Bild 3.5 Bezugsstellen der Primärebene

Doch was bedeuten die vier Bezugsstellen A1-4? In der Praxis wird das Bauteil oft an diesen Bezugsstellen auf Soll-Lage gespannt. Dies entspricht jedoch nicht der aktuellen Normung, es gilt die DIN EN ISO 8015. Diese besagt, dass Bauteile eine unendlich große Steifigkeit besitzen. Daher kann das Bauteil nicht gleichzeitig an den Bezügen A1-4 anliegen. Es muss eine Gauß-Ausgleichsebene gebildet werden. Diese ist dann der Bezug. Soll das Bauteil an allen vier Bezugsstellen auf Soll-Lage gespannt werden, ist die DIN EN ISO 10579 anzuwenden. Dies ist die Norm für nicht-formstabile Teile. Dazu ist *DIN EN ISO 10579- -NR* sowie ein einschränkende Zusatzbedingung in der Nähe des Zeichnungskopfs anzugeben. Das folgende Bild zeigt ein Beispiel.

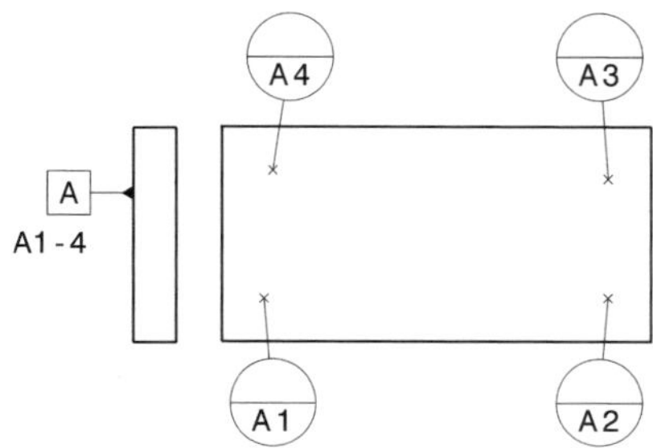

DIN EN ISO 10579-NR

Einschränkende Zusatzbedingung:
Bauteil wird an den Bezugsstellen A1-4 hart auf Nominalmaß gespannt
Schwerkraft in negativer Z-Richtung

Bild 3.6 Anwendung der DIN EN ISO 10579 bei statischer Überbestimmtheit

Die Bezüge liegen immer an den Stellen, an denen das Bauteil seine Lage im Produkt findet.

Entsprechend des vorhergehenden Hinweises sind die Bezugsstellen an den Stellen des Bauteils, die seine Lage im Produkt bestimmen. Im Beispiel des Halters sind die Bezüge an den Füßen; dies zeigt das folgende Bild.

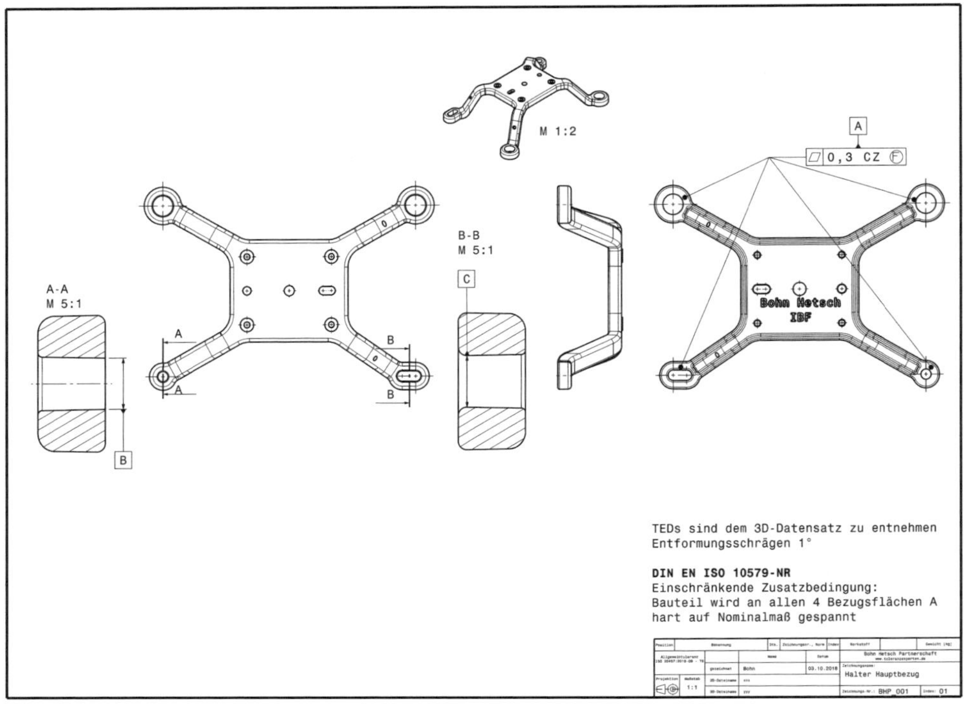

Bild 3.7 Hauptbezüge A-A, B, C des Halters

Für den primären Bezug A-A werden die vier Kontaktflächen zum Produkt verwendet. Die beiden Bezüge B und C unterscheiden sich auf den ersten Blick vom klassischen, spanenden Maschinenbau auf Grund der Entformungsschrägen. Bei einer zylindrischen Bohrung ist der Bezug die Achse. Wenn die Achse der Bezug in einem Loch mit Entformungsschräge sein soll, muss das Bezugssymbol auf die Winkelbemaßung gehen. In der industriellen Praxis wird auf der Zeichnung die geringe Entformungsschräge von 1 bis 2,5° vernachlässigt und der Bezug wird an der Duchmesserbemaßung spezifiziert. In der Realität ist der Mittelpunkt des engsten Querschnitts relevant (Funktion), da dort eine Schraube, ein Bolzen, ein Pin oder ähnliches das Gegenstück bildet. Daher wird in der Messsoftware ein Pferchzylinder verwendet. Dieser Pferchzylinder steht senkrecht auf dem Primärbezug A-A. Somit ist der Bezug B die Achse des Pferchzylinders. Der Bezug C wird aus der Mittelebene des Pferchelements im Langloch unter den Nebenbedingungen senkrecht zum Bezug A-A und durch den Bezug B gebildet. Dies zeigt das folgende Bild.

Durch die Verwendung von Pferchelementen spielt es keine Rolle, an welcher Stelle im Schnitt die Bemaßung und somit das Bezugselementsymbol in Bild 3.7 angegeben wird.

Ein Bezugssystem auf der Zeichnung ist die Grundvoraussetzung zur Tolerierung und darüber hinaus erforderlich, um die Allgemeintoleranzen nach DIN 16742 bzw. ISO 20457 zu verwenden.

Bezug A-A

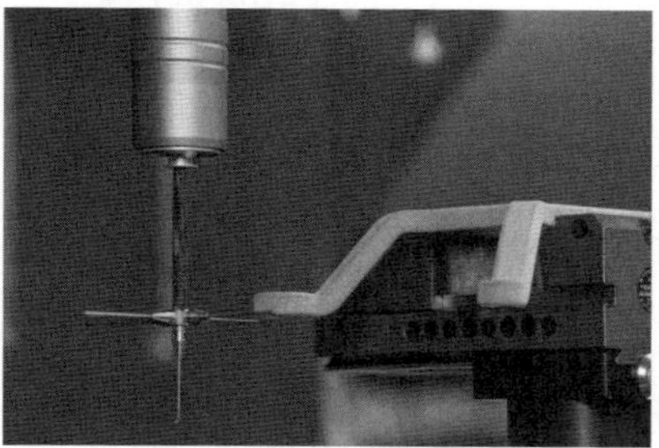

- Antasten der vier Anschraubflächen
- Bilden der Gauß-Ausgleichsebene
- Gauß-Ausgleichsebene ist der Bezug

Bezug B im Bezugssystem

- Antasten des Ausrichtlochs
- Bilden des senkrecht zum Bezug A-A stehenden Pferchzylinders
- Achse des Pferchzylinders ist der Bezug

Bezug C im Bezugssystem

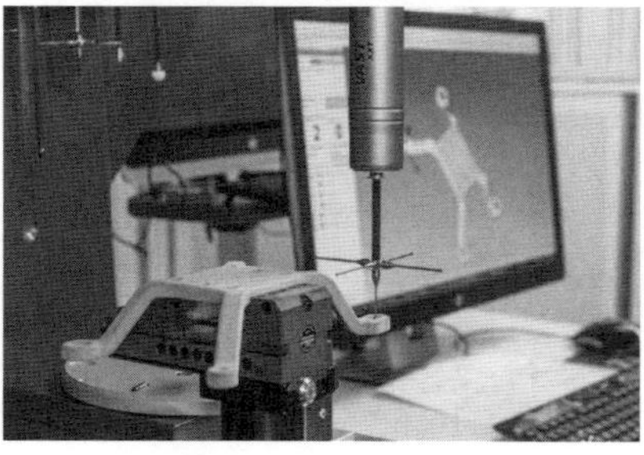

- Antasten der beiden Ebenen
- Bilden des senkrecht zum Bezug stehenden Pferchelements, dessen Mittelebene durch den Bezug B geht
- Mittelebene des Pferchelements ist der Bezug

Bild 3.8 Bildung der Bezüge [Bildquelle: Carl Zeiss Industrielle Messtechnik GmbH]

3.2 Toleranzen

Die Normen DIN EN ISO 14405 *Dimensionelle Tolerierung* und DIN EN ISO 1101 *Geometrische Tolerierung* beschreiben die Grundlagen der Tolerierung. Alle Symbole sind in der DIN EN ISO 1101 erklärt. Das folgende Bild nach DIN EN ISO 1101 gibt einen Überblick über die Toleranzsymbole.

Spezifikation	Merkmale	Symbol
Form	Geradheit	⏤
	Ebenheit	⏥
	Rundheit	○
	Zylindrizität	⌭
	Linienprofil	⌒
	Flächenprofil	⌓
Richtung	Parallelität	∥
	Rechtwinkligkeit	⊥
	Neigung	∠
	Linienprofil	⌒
	Flächenprofil	⌓
Ort	**Position**	⌖
	Konzentrizität (für Mittelpunkte)	◎
	Koaxialität (für Mittellinien)	◎
	Symmetrie	⌯
	Linienprofil	⌒
	Flächenprofil	⌓
Lauf	Einfacher Lauf	↗
	Gesamtlauf	⌰

Bild 3.9 Toleranzen nach DIN EN ISO 1101

Bei Kunststoffformteilen sind Freiformflächen häufig anzutreffen. Daher werden *Linienprofil* und *Flächenprofil* kurz erklärt.

Bei der Toleranz *Linienprofil* wird die Toleranzzone nach DIN EN ISO 1101 durch zwei äquidistante Linien begrenzt, die um das halbe Toleranzfeld versetzt zur idealen Geometrie liegen. Die Toleranzgrenzen sind die Einhüllenden eines Kreises, dessen Kreismittelpunkt auf der Idealgeometrie läuft. Dieser Kreis hat den Durchmesser des Toleranzwerts, dies zeigt das folgende Bild.

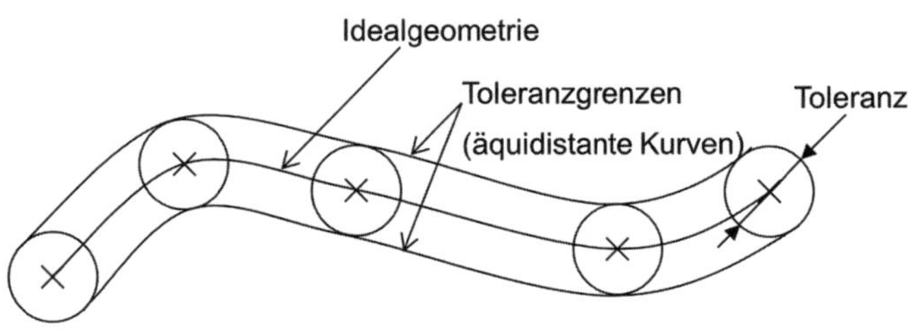

Bild 3.10 Bildung der Toleranzzone bei einem Linienprofil

Das *Flächenprofil* wird ganz ähnlich gebildet. Wie im folgenden Bild gezeigt läuft hier eine Kugel auf der Fläche, um die beiden Toleranzgrenzen zu bilden.

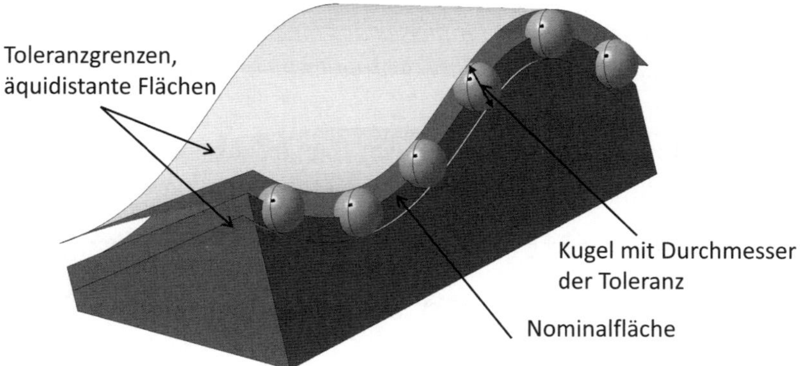

Bild 3.11 Bildung der Toleranzzone bei einem Flächenprofil

Das *Linienprofil* kann nach Norm nur im Schnitt oder für Mittellinien verwendet werden. In der Praxis ist sehr häufig eine Verwendung bei dünnwandigen Bauteilen an den Begrenzungen des Bauteils zu sehen. Dies hat sich weitestgehend als Industriestandard etabliert.

Neben dem *Linienprofil* und dem *Flächenprofil* wird sehr häufig auch die *Positionstoleranz* verwendet.

Entsprechend des Hinweises bei Funktionen müssen alle Funktionen mittels Toleranzen vollständig beschrieben werden. Zuerst wird das Bezugssystem toleriert. Im Beispiel des Halters aus Bild 3.7 sind die vier einzelnen Flächen A mittels Ebenheit im freien Zustand in einer gemeinsamen Toleranzzone spezifiziert. Eine Tolerierung der Rechtwinkligkeit der Bezüge B und C zum Bezug A-A ist nicht erforderlich bzw. nicht möglich, da es sich nicht um reale Achsen handelt. Auf Grund der Funktion sowie der Entformungsschräge ist der Bezug B in Realität lediglich ein Punkt. Auf eine explizite Tolerierung des Abstands des Langlochs des Bezugs C zum Bezug B wird ebenfalls verzichtet, da das Langloch einen deutlich größeren Toleranzausgleich beinhaltet.

Die Lage des Sensors wird durch die vier Anschraubflächen und die Loch-Langloch-Kombination definiert. Daher werden diese Geometrieelemente zum Hauptbezug (A-A, B, C) in ihrer Lage toleriert. Damit der Sensor ohne zu viel Verspannung an den vier Schraubpunkten anliegt, sind diese zusätzlich mit einer gemeinsamen Toleranzzone zueinander spezifiziert. Es wäre auch möglich gewesen, die Ortstoleranz *(Flächenprofil)* durch eine *Positionstoleranz* sowie die Formtoleranz *(Flächenprofil)* durch *Ebenheit* zu ersetzen. Die Schraublöcher der Sensorbefestigung müssen zu der Loch-Langlochkombination und den Anschraubflächen des Sensors passen. Daher werden diese zu Bezügen definiert. Zu diesem lokalen Bezugssystem werden die vier Sensorschraublöcher toleriert.

Anmerkung: Das lokale Bezugssystem R-R, S, T ist im primären Bezug R-R statisch überbestimmt. Auf Grund des geringen Einflusses auf die Lochpositionen und der höheren lokalen Steifigkeit im Verhältnis zu den Schraubkräften ist hier ein Bezug als Gauß-Ebene akzeptabel.

Das folgende Bild zeigt das Bauteil mit dem Hauptbezugssystem (A-A, B, C), dem lokalen Bezugssystem (R-R, S, T) und den tolerierten Funktionen.

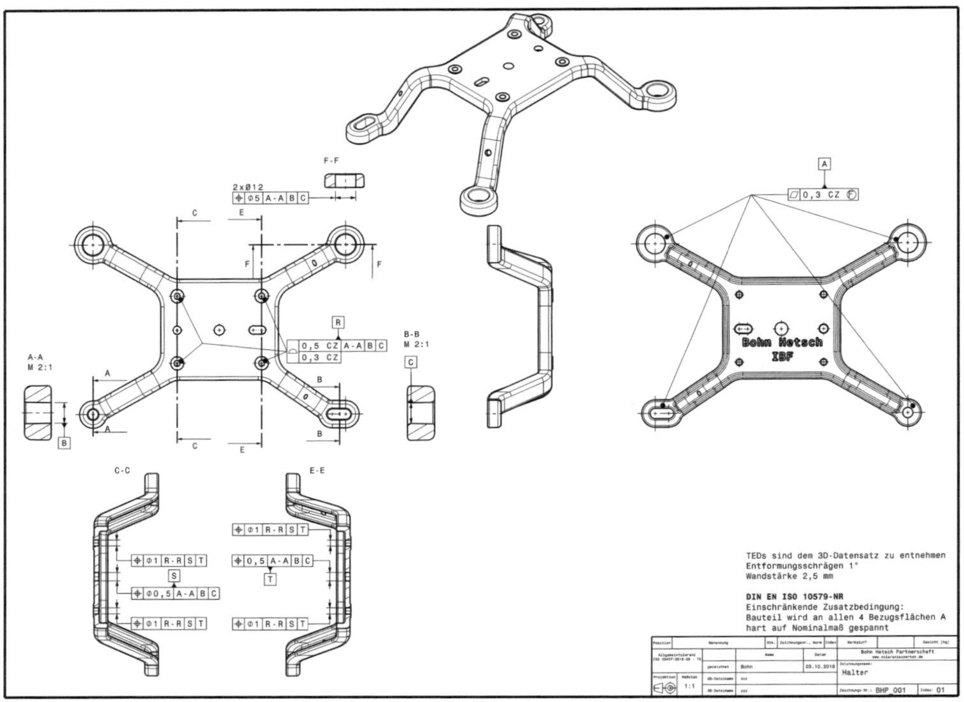

Bild 3.12 Tolerierter Halter

Auf den letzten Schritt der **Toleranzanalyse** entsprechend Bild 3.2 wird nicht weiter eingegangen, da die Toleranzrechnung nur im Zusammenbau bzw. bei Mehrkomponentenbauteilen zum Tragen kommt.

Eine vollständige Bauteilspezifikation benötigt zwingend ein Bezugssystem, die explizit tolerierten Funktionen sowie die Allgemeintoleranz. Bei Kunststoffteilen ist im Besonderen die teilweise geringe Steifigkeit zu berücksichtigen.

4 Maßbezugsebenen für die Anwendung und Fertigung von Formteilen

4.1 Definition der Maßbezugsebenen

Im Vergleich zu Metallwerkstoffen muss bei Kunststoffen mit erheblich größeren Maßstreuungen bei Fertigung und Anwendung gerechnet werden. Dieser Sachverhalt ist in erster Linie den besonderen Eigenschaften der Kunststoffwerkstoffe geschuldet (Kapitel 5 „Kunststoffeigenschaften und deren Einfluss auf die Formteile unter Berücksichtigung der Maßhaltigkeit“). Andererseits sind aufgrund des gleichen Eigenschaftsbildes (z. B. geringe Steifigkeit, große Verformbarkeit) die funktionalen Genauigkeitsforderungen häufig weitaus geringer als bei Metallen anzusetzen, sodass ausreichend maßhaltige Kunststoffkonstruktionen bei wirtschaftlicher Fertigung möglich sind.

Teileanwendung, Teilefertigung und Werkzeugfertigung

Die Maßstreuungen bei Anwendung und Fertigung der Kunststoff-Formteile erfordert die Berücksichtigung von drei eng verbundenen Maßbezugsebenen: Teileanwendung, Teilefertigung, Werkzeugfertigung. Für die Maßbezugsebenen sind unterschiedliche physikalische Kausalitätsbeziehungen zu beachten und systematisch zusammenzuführen, wobei der Konstruktionsentwurf gedanklich entgegengesetzt zur Richtung der Maßentstehung zu bearbeiten ist [3] [4] [5] [6]. Das Prinzip unterschiedlicher Maßbezugsebenen ist auch in der DIN 16742/ISO 20457 (Anhang A) eindeutig erklärt. Das Bild 4.1 und die nachfolgenden Texte dieses Abschnitts wurden aus [6] übernommen, wobei weitgehende Übereinstimmung mit ausgewählten Darstellungen in DIN 16742/ISO 20457 besteht.

In Bild 4.1 sind die Maßgrößen und Maßbeziehungen hinsichtlich Lage (Toleranzmittenmaß C), Verschiebung (Maßverschiebung Δl), und Streuung (Toleranz T) für die Maßbezugsebenen angegeben. Die Richtung der Maßverschiebung wird durch Vorzeichen berücksichtigt.

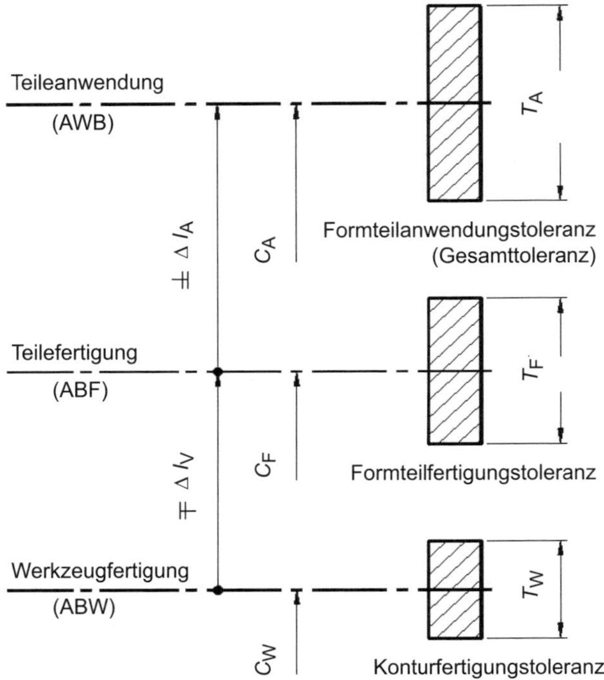

Bild 4.1 Maßbezugsebenen für Anwendung und Fertigung von Kunststoffteilen

Anwendungsbedingungen (AWB)

Es handelt sich um alle Nutzungs- und Lagerungsbedingungen der Teile während des Anwendungszeitraumes und nach der Fertigung, sofern sie sich auf die Maßhaltigkeit und Funktionserfüllung der Erzeugnisse auswirken.

Erfolgt die Montage bzw. Komplettierung der Einzelteile zu Baugruppen erst in längeren Zeiträumen nach der Teilefertigung, so sind die Teilelagerungs- und Komplettierungsbedingungen als Sonderfall der Anwendungsbedingungen (AWB) zu behandeln. Für weiche oder gummiartige Formstoffe kann der Einfluss der AWB relativ häufig vernachlässigt werden, desgleichen auch bei Baugruppen aus völlig gleichen Werkstoffen. In jedem Einzelfall sind die AWB aber situations- und funktionsabhängig zu bestimmen. Für den Formteilanwender ist die Erfassung der betriebsspezifischen AWB und deren Einfluss auf die Maßhaltigkeit ein nützliches Rationalisierungsmittel. Eine generelle Zusammenstellung oder Normierung aller AWB ist wegen der Vielzahl und Komplexität der Einflüsse nicht möglich.

Verursachungsfaktoren der anwendungsbedingten Maßänderung

Alle hierfür relevanten Faktoren sind in Gruppen nachstehend zusammengefasst:

- *Klimaeinwirkungen* durch Umgebungstemperaturen: Luftfeuchtigkeit, Niederschläge und Sonneneinstrahlung. Diesen Einflüssen wird sich in der Realität kaum ein Formteil entziehen können.

- *Mechanische Deformation* durch äußere Kräfte und Momente sowie durch Relaxation innerer Spannungen. Dies trifft auf alle Bauteile zu, welche verschraubt, verspannt, verschweißt, verklemmt oder in einer sonstigen Weise mechanisch belastet werden.
- *Nutzungsbedingte Energieeinwirkungen* durch Wärmequellen und energiereiche Strahlung;
  Beispiel: die Wärmestrahlung des Motors im Motorinnenraum
- *Diffusionskontakt* mit Dämpfen und Flüssigkeiten sowie Migrationskontakt mit Feststoffen.
- *Werkstoffabtrag* (Verschleiß) durch Reibung, Kavitation und Erosion sowie biologische Einwirkungen.
- Molekulare und mikromorphologische *Stoffstrukturumwandlungen.*

Ursachen für fertigungsbedingte Längenmaßabweichungen

Hauptursachen der Maßabweichungen sind:

- formmasseabhängige Streuung der Verarbeitungsschwindung;
- fertigungsbedingte Streuung der Verarbeitungsschwindung;
- Unsicherheiten bei der Festlegung von Rechenwerten der Verarbeitungsschwindung zur Werkzeugkonturberechnung, insbesondere bei großen Schwindungswerten und bei Schwindungsanisotropie;
- unterschiedliches Rückverformungsverhalten der Teile nach der Entformung, abhängig von Formstoffsteifigkeit bzw. -härte;
- Verformungen und Lageabweichungen von Werkzeugteilen infolge von Druckbeanspruchung (Steifigkeit von Werkzeuge);
- herstellungsbedingte Maßstreuung der Werkzeugkonturen einschließlich Härteverzug und Oberflächenbeschichtung;
- Werkzeugkonturverschleiß.

In der Praxis wird hier zu oft der Einfluss des Werkzeuges in den Mittelpunkt der Diskussion bezüglich der Formteilmaße gestellt, während die anderen Einflussfaktoren, insbesondere die Schwindungsschwankungen, zu wenig Beachtung finden. Dies führt zu oft zu vielen Maßkorrekturen am Werkzeug, welche nicht zu den angestrebte Ergebnissen führen.

Bezüglich der realisierbaren Genauigkeit ist im Werkzeugbau die Einhaltung der Stahlmaße ±0,01 Millimeter sehr gut möglich. Die Schwankung von Formteilmaßen im Bereich mehrere Zehntel Millimeter kann die verschiedensten Ursachen haben. Hier kommen alle Ursachen, welche in der oben stehenden Übersicht aufgeführt sind in Frage. Die Schwankungen der Eigenschaften des Kunststoffmaterials, welche zu Schwindungsschwankungen führen und das Messen unterschiedlich alter Teile mit dem zu folge unterschiedlichen Anteilen den bereits abgelaufenen Nachkristallisation, Nachschwindung und die Feuchtigkeitsaufnahmebedingte Quellung bei hygroskopischen Materialien sollen hier explizit erwähnt werden. Das heißt, dass außerhalb eines sinnvollen Messzeitfensters gemessen wurde, was zu völlig wertlosen Messergebnissen führt.

Ursachen für den Formteilverzug

Der Verzug (Verwölbung, Verwindung, Verwerfung) ist die physikalische Ursache für Form-, Lage- und Winkelabweichungen der Kunststoff-Formteile. Er entsteht durch lokale und richtungsabhängige Schwindungsunterschiede (Schwindungsanisotropie) und bei extremen Nach- oder Pressdruck durch Rückverformung (Relaxation) elastischer Eigenspannungen. Formteilverzug ist prinzipiell nicht vermeidbar, aber minimierbar (Kapitel 5 „Kunststoffeigenschaften und deren Einfluss auf die Formteile unter Berücksichtigung der Maßhaltigkeit").

Abnahmebedingungen der Formteilfertigung (ABF)

Für normative Abnahmebedingungen nach DIN 16742/ISO 20457, abgeleitet aus der DIN EN ISO 291 gelten die Prüfmaße als Abnahmewerte, wenn die Formteile nach der Fertigung bis zur Abnahme bei 23 °C ± 2 K und 50 % ± 10 % relative Luftfeuchtigkeit gelagert, sowie frühestens 16 h und spätestens 72 h nach der Herstellung geprüft werden.

Bei Abweichungen von den normativen ABF müssen die Abnahmeparameter für die Kontrollmaßprüfung nach DIN 16742 bzw. ISO 20457 zwischen Hersteller und Abnehmer gesondert vereinbart und dokumentiert werden:

- Maßlage und Maßabweichungen (ggf. nach Erprobung),
- Maßprüfverfahren,
- Minimal- und Maximalzeitraum der Maßprüfung nach der Teilefertigung,
- Lagerungs- und Prüfbedingungen bis zur Teileabnahme (Raumlufttemperatur, relative Luftfeuchte, ggf. eine spezielle Lagerungsordnung).

Abweichungen von den normativen ABF können sein

- Folgeoperationen beim Teilehersteller mit Stoffauftrag (Lackieren lösungsmittelhaltigen Lacken, Beschichten) oder Stoffabtrag (Spanen, Schleifen, Polieren),
- Teilenachbehandlung durch Tempern (Vorwegnahme der Nachschwindung, Ausgleich innerer Spannungen, Nachhärten) oder Folgeoperationen mit deutlicher thermischer Teilebeanspruchung (Lackieren mit wasserbasierenden Lacken, welches eine anschließende Wärmebehandlung einschließt, die einem Tempern gleichzusetzen ist, Lötbadbehandlung u. a.),
- Teilenachbehandlung durch Konditionieren, z. B. durch Wässern (Vorwegnahme der Quellung, Zähigkeitserhöhung),
- geringe Maßstabilität von Struktur und Zustand des Formstoffs bei ABF. Beispiele sind Strukturveränderungen der kristallinen Phase teilkristalliner Polymere (z. B.

PB) und Quellung sowie Weichmachung infolge Wasseraufnahme dünnwandiger Formteile aus hydrophilen Polymeren (z. B. PA6, PA66, PA46, Biopolymere).

Abnahmebedingungen der Werkzeugfertigung (ABW)

Die durch Prüfung ermittelten Kontrollmaße der Werkzeugkonturen gelten als Abnahmewerte bei einer Bezugstemperatur von 23 °C ± 2 K. Sie schließen Härteverzug ein.

4.2 Bestimmung der anwendungsbedingten Maßverschiebung und Maßstreuung

Anwendungsbedingte Maßänderungen sind Längenänderungen der Bezugsmaße durch Umwelteinflüsse und konstruktive Kopplungseinflüsse beim Übergang von ABF auf AWB. Sie treten als Maßvergrößerung (Dilatation) oder Maßverkleinerung (Kontraktion) infolge Überlagerung unterschiedlicher Einzeleinflüsse in Erscheinung, die verschiedenartigsten physikalischen oder chemischen Gesetzen unterliegen. Die Längenänderungen werden zunächst als werkstoffbezogene Relativwerte (ε) behandelt, die nach Bedarf mit dem Toleranzmittenmaß (C) als Bezugsmaß in

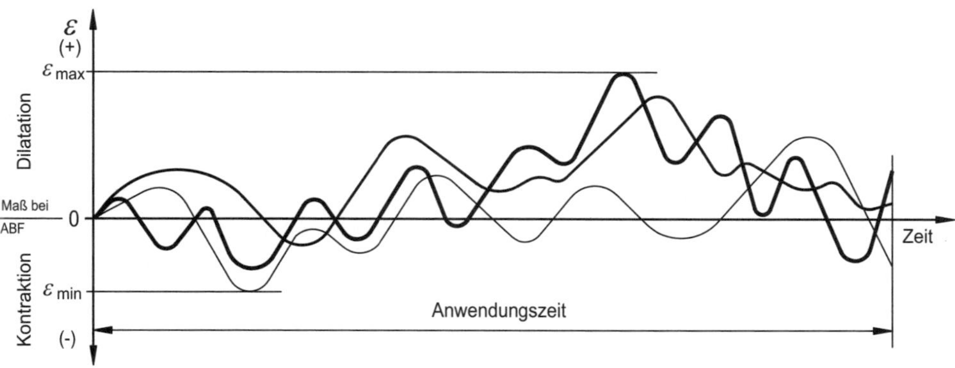

Bild 4.2 Beispiele für Maßänderungen im Anwendungszeitraum der Formteile

absolute Längenänderungen umgerechnet werden. Maßänderungen im Anwendungszeitraum können wegen wechselnder Einflüsse bei gleichem Werkstoff unterschiedliche Zeitverläufe haben (Bild 4.2).

Nach dem Prinzip der garantierten Genauigkeit zu beliebigen Zeitpunkten der Formteilanwendung müssen für die Maßhaltigkeitsnachweise nur die Extremwerte ε_{max} und ε_{min} für alle denkbaren Verlaufsarten bekannt sein, da diese die maximale Spannweite der Längenänderungen repräsentieren.

Nach Vorgabe des Toleranzmittenmaßes bei AWB (C_A) oder bei ABF (C_F) und der Fertigungstoleranz (T_F) sind ε_{max} und ε_{min} die entscheidenden Basisgrößen für alle zur Berücksichtigung der AWB erforderlichen Maßberechnungen (Tabelle 4.1).

Tabelle 4.1 Maßberechnungen zum Übergang: Anwendungsbedingungen (AWB) und Abnahmebedingungen der Formteilfertigung (ABF) nach Bild 4.1

Anwendungsbedingte Maßverschiebung:		$\bar{\varepsilon} = \frac{\varepsilon_{max} + \varepsilon_{min}}{2}$	$\Delta l_A = \bar{\varepsilon} \cdot C_F$
Anwendungsbedingte Maßstreuung:		$r = \varepsilon_{max} + \varepsilon_{min}$	$R = r \cdot C_F$
		$T_A = \sqrt{T_F^2 + R^2}$	$T_F = \sqrt{T_A^2 + R^2}$
Maßlagen:	bei AWB	$C_A = C_F + \Delta l_A = C_F(1+\bar{\varepsilon})$	
	bei ABF	$C_F = C_A - \Delta l_A = \frac{C_A}{1-\bar{\varepsilon}}$	

Die Berechnung von T_A aus T_F und R setzt näherungsweise Normalverteilung mit einer Ausfallwahrscheinlichkeit von max. 0,3 % voraus.

Die werkstoffabhängigen Basiskennwerte ε_{max} und ε_{min} können aus Experimenten oder Erfahrungswerten abgeleitet werden, sofern ein entsprechender Wertevorrat aus betriebsspezifischen Anwendungssituationen vorliegt. Meist müssen aber diese Kennwerte für jeden Anwendungsfall gesondert bestimmt werden. Erfahrungsgemäß ist eine Überlagerung von mehreren Einflussfaktoren sowohl methodisch als auch inhaltlich schwierig zu handhaben, wenn einigermaßen realistische Ergebnisse angestrebt werden.

Es wird daher ein Verfahren [4] [5] erläutert, welches das Rechenverfahren erheblich übersichtlicher und praxistauglicher macht. Dieses Verfahren ist auch Bestandteil einer Erweiterung bereits angebotener Software [7] zur Toleranzbestimmung nach DIN 16742.

Die anwendungsbedingten Maßverschiebungen lassen sich hinsichtlich gleichartiger Gesetzmäßigkeiten auf Einflussgruppen zurückführen:

- **Wärmedehnung oder -kontraktion (ε_T):** Durch Temperaturänderung verursachte Maßänderung, die sich mit geringer zeitlicher Verzögerung zur Temperaturänderung der Teile einstellt und daher immer zu berücksichtigen ist.
- **Quellung und /oder Nachschwindung (ε_K):** Durch molekulare und mikromorphologische Strukturänderungsprozesse sowie durch Diffusions- und Migrationsprozesse verursachte Maßänderung, die sich u. U. mit großer zeitlicher Verzögerung zur Veränderung der jeweiligen Wirkungsfaktoren einstellt und daher als komplexe Größe situations- und zeitabhängig zu berücksichtigen ist.

- **Verschleiß (ε_V):** Durch Werkstoffabtrag (Abrasion) verursachte Maßänderung, die abhängig von Art, Größe Dauer der Verschleißbeanspruchung (Reibung, Kavitation, Erosion) zu berücksichtigen ist.
- **Mechanische Verformung (ε_D):** Durch äußere Kräfte und/oder Momente bewirkte Teileverformung (Dehnung, Stauchung).

Bestimmung der relativen Maßverschiebung ε und der Maßstreuung r

Für die Einzeleinflüsse $\varepsilon_{i\,max}$ und $\varepsilon_{i\,min}$ als Kriterien der Maßverschiebung ε und der Maßstreuung r gilt die Übertragungsmatrix der Tabelle 4.2.

Tabelle 4.2 Überlagerungsmatrix zur Berechnung von ε und r

ε_i	$\varepsilon_{i\,max}$	$\varepsilon_{i\,min}$	$r_i = \varepsilon_{i\,max} - \varepsilon_{i\,min}$
ε_T	$\varepsilon_{T\,max}$	$\varepsilon_{T\,min}$	$\varepsilon_{T\,max} - \varepsilon_{T\,min}$
ε_K	$\varepsilon_{K\,max}$	$\varepsilon_{K\,min}$	$\varepsilon_{K\,max} - \varepsilon_{K\,min}$
ε_V	$\varepsilon_{V\,max}$	$\varepsilon_{V\,min}$	$\varepsilon_{V\,max} - \varepsilon_{V\,min}$
ε_D	$\varepsilon_{D\,max}$	$\varepsilon_{D\,min}$	$\varepsilon_{D\,max} - \varepsilon_{D\,min}$
	$\sum\varepsilon_{i\,max} = \varepsilon_{max}$	$\sum\varepsilon_{i\,min} = \varepsilon_{min}$	
	$\overline{\varepsilon} = \frac{\varepsilon_{max} + \varepsilon_{min}}{2}$		$r = \sqrt{\frac{\sum r_i^2}{n}}$ n: Anzahl aller r_i^2 $(r_i^2 > 0)$

Für die Berechnungen nach Tabelle 4.2 gelten folgende Voraussetzungen:

- Gleichgroße Überlagerungswahrscheinlichkeiten für die Einzeleinflüsse $\varepsilon_{i\,max}$ und $\varepsilon_{i\,min}$.
- Überlagerung von Normal- und Gleichmaßverteilung für die Maßstreuungen r_i, die alle wichtigen Maßstreuungsverteilungen in guter Näherung erfasst.

Für die Quantifizierung der Einzeleinflüsse werden nachstehend methodische Hilfen und Hinweise gegeben. Es sei besonders auf die Einhaltung der Vorzeichenregelungen hingewiesen.

Zur Auswahl der Werkstoff- und Klimadaten müssen u. a. die konkreten Klimabedingungen bekannt sein. Diese Klimate wurden in Anlehnung an DIN 50019 in [7] konkretisiert. Die Tabelle 4.3 enthält die Übersicht dieser Klimate.

Tabelle 4.3 Übersicht der Umgebungsklimate

Hauptgruppe	Nebengruppe
Freibewitterung durch Land- und Meeresklimate	direkte Sonneneinstrahlung möglich vor direkter Sonneneinstrahlung geschützt
Ungeheizte Leichtbaubehausungen im Freien mit Verglasung bzw. strahlungsabsorbierender Oberfläche (z. B. abgestellte Fahrzeuge, Container, Bauzellen)	

Tabelle 4.3 Übersicht der Umgebungsklimate *(Fortsetzung)*

Hauptgruppe	Nebengruppe	
Innenraumklimate	vollklimatisierte Räume	
Sofern die Klimabedingungen vom Außenklima deutlich beeinflusst werden, beziehen sie sich auf gemäßigte Klimagebiete.	Wohn-, Büro-, Versammlungs-, Verkaufsräume, Theater	
	trocken, begrenzte Temperaturregelung	Betriebsräume
	mäßig trocken, begrenzte Temperaturregelung	Fertigungsräume
	sehr geringe Temperaturregelung	Lagerräume
	frostfreie und feuchte Räume (z. B. Keller)	
	nicht beheizbare wettergeschützte Außenräume (Schuppen)	
	ungeheizte und feuchte Unterflurräume bis 1 m unter Erdgleiche (z. B. Kabelschacht)	
Spezielle Funktionsklimate	Feuchträume mit hohem Lufttemperaturniveau (z. B. Saunen, Bäder)	
	Kühlräume und Kühlboxen	
	ständige und direkte Wassereinwirkung	
Sonstige Räume mit gesonderter Eingabe der Raumklimabedingungen		

Wärmedehnung und -kontraktion (ε_T)

Die Berechnung von $\varepsilon_{T\,max}$ und $\varepsilon_{T\,min}$ erfolgt nach Tabelle 4.4.

Tabelle 4.4 Berechnung von Wärmedehnung und -kontraktion

$\varepsilon_{Tmax} = \alpha\,(\vartheta_{max} - \vartheta_0)$; $\varepsilon_{Tmin} = \alpha\,(\vartheta_{min} - \vartheta_0)$	
ϑ_{max}	maximale Teiletemperatur bei AWB
ϑ_{min}	minimale Teiletemperatur bei AWB
ϑ_0	Bezugstemperatur bei ABF (= 23 °C)
α	mittlerer linearer Wärmeausdehnungskoeffizient des Werkstoffes im jeweiligen Temperaturbereich (max; min)

Während für anorganische Werkstoffe (z. B. Metalle, Gläser) die Temperaturabhängigkeit des Wärmeausdehnungskoeffizienten vernachlässigbar ist, muss diese für Polymere beachtet werden. Darüber hinaus wirken sich Anisotropieeffekte auf den Wärmeausdehnungskoeffizienten in analoger Weise wie auf die Verarbeitungsschwindung aus. Bei extremer Anisotropie (z. B. LCP) sind sogar negative Wärmeausdehnungskoeffizienten möglich. Innerhalb der jeweiligen Temperaturbereiche versteht sich der rechnerische Wärmeausdehnungskoeffizient immer als Mittelwert.

Zu Berücksichtigen ist bei diesen Betrachtungen der gesamte Lebenszyklus der Bauteile, somit auch die Transport- und Lagerbedingungen. So kann auch ein Formteil, welches in der Anwendung in klimatisierten Innenräumen eingesetzt wird, vorher in einem ungeheizten Lager mit hoher Luftfeuchtigkeit gelagert werden, oder aber während des LKW-Transportes in den Sommermonaten auch mal 60 °C oder mehr ausgesetzt worden sein.

Quellung und/oder Nachschwindung (ε_K)

Nach dem zeitlichen Verlauf der Quellung oder Nachschwindung bzw. deren Überlagerung können die Polymerwerkstoffe nach Bild 4.3 eingeordnet werden. Nach einer Anlaufphase, die je nach Teilegeometrie (z. B. Wanddicke) und Umgebungstemperatur u. U. Wochen bis Monate dauern kann, wird eine Gleichgewichtsphase erreicht, deren Streubereich dann nur von den wechselnden Wirkungsfaktoren (z. B. Luftfeuchte, Temperatur) und ihrer Zeitcharakteristik bestimmt wird.

Bei mitteleuropäischer Freibewitterung der Kunststoffteile würden folgende Beispiele für die Gruppe I (PA6, PA66), Gruppe II (PP, PE) und Gruppe III (POM, FS 31) zutreffen.

Bei dominierender Quellung (I) oder Nachschwindung (II) muss im Anwendungszeitraum u. U. eine große Spannweite der Maßstreuung berücksichtigt werden. Mit Teilenachbehandlung durch Konditionieren (z. B. Wässern) oder durch Tempern lässt sich ein erheblicher Anteil der Maßstreuung vorwegnehmen. Bei wechselnder Quellung und Nachschwindung (III) ist eine diesbezügliche Nachbehandlung u. U. kontraproduktiv.

Die Quantifizierung von $\varepsilon_{K\,max}$ und $\varepsilon_{K\,min}$ erfolgt nach dem Schema der Tabelle 4.5.

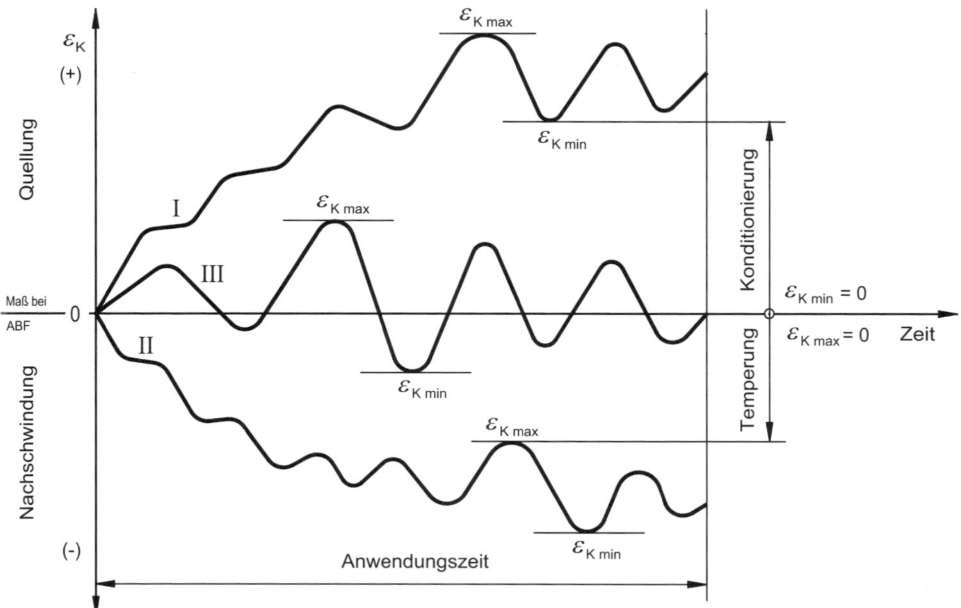

Bild 4.3 Zeitliche Verläufe der Quellung und Nachschwindung verschiedener Polymergruppen

Tabelle 4.5 Zuordnungsschema der relativen Quellungs- und Nachschwindungswerte nach Bild 4.3

Werkstoffgruppe	Teilenachbehandlung zur Reduzierung der Maßstreuung	$\varepsilon_{K\,max}$	$\varepsilon_{K\,min}$
I Quellung dominiert	ohne	Q_{max}	0
	Konditionierung	Q_{max}	Q_{min}
II Nachschwindung dominiert	ohne	0	$-NS_{max}$
	Temperung	$-NS_{min}$	$-NS_{max}$
III alternierend Quellung und Nachschwindung	nicht sinnvoll	Q_{max}	$-NS_{max}$

Q_{max} Q_{min} maximaler bzw. minimaler Quellungskennwert während der Anwendungszeit
Nach Konditionierung ist Q_{min} der erforderliche Mindestwert.
NS_{max} NS_{min} Maximaler bzw. minimaler Nachschwindungswert während der Anwendungszeit.
Nach Temperung ist NS_{min} der erforderliche Mindestwert.

Bei den Berechnungen ist zu berücksichtigen, dass lineare Quellungs- und Nachschwindungswerte meist in Prozent ohne Beachtung des Vorzeichens der Maßänderungen angegeben werden.

Die Beschaffung dieser Kennwerte setzt experimentelle Erfahrungen oder Informationen vom Formmassehersteller und ggf. aus der technischen Fachliteratur voraus. Internetrecherchen und die Nutzung von Software [7] sowie eines Beratungsservice sind weitere Möglichkeiten. Nähere Hinweise sind auch im Kapitel 5 enthalten.

Abschließend sei eine Polymerkategorie beschrieben, die mit Bild 4.3 nicht erfasst und meist auch nicht für maßhaltige Formteile einsetzbar ist. Infolge von permanent stoffabbauenden Alterungsprozessen (z. B. durch Wärme, Strahlung, biologischen Abbau) oder Auflösungserscheinungen bei Medieneinwirkung findet eine progressiv zunehmende Maßänderung statt, die den Einsatz dieser Werkstoffe für längere Zeiträume nicht ermöglicht. Stoffbeispiele sind echte Biopolymere (kompostierbar) einschließlich Celluloseester (z. B. CA).

Verschleiß (ε_V) und mechanische Verformung (ε_D)

Das Zuordnungsschema für die Extremwerte von Verschleiß und mechanischer Verformung ist in Tabelle 4.6 angegeben.

Tabelle 4.6 Zuordnungsschema der relativen Verschleiß- und Verformungskennwerte

Verschleiß	Innenmaße (z. B. Bohrungsmaß)	$\varepsilon_{V\,max} = V_{max}$	$\varepsilon_{V\,min} = 0$
	Außenmaße (z. B. Wellenmaße)	$\varepsilon_{V\,max} = 0$	$\varepsilon_{V\,min} = -V_{max}$
Verformung	Dehnung	$\varepsilon_{D\,max} = \varepsilon$	$\varepsilon_{D\,min} = 0$
	Stauchung	$\varepsilon_{D\,max} = 0$	$\varepsilon_{D\,min} = -\varepsilon$

Der zu erwartende Maximalwert der linearen Verschleißrate (V_{max}) muss aus Versuchen, Erfahrungswerten oder Berechnungen abgeschätzt werden. Die mechanischen Verformungen (ε) als Dehnung oder Stauchung ergeben sich aus Berechnungen oder Bauteilversuchen. Bei Polymerwerkstoffen ist das zeit- und temperaturabhängige Kriechverhalten (Viskoelastizität) zu beachten.

Nennmaßberechnung für Formteilzeichnung aus Passmaßen

Für die Berechnung der Nennmaße der Formteilzeichnung, sowie für die Kontrolle der Grenzspiele bzw. Grenzübermaße sind zwei unterschiedliche Verfahren möglich:

1. Garantie der Montage bei Abnahme der Formteilfertigung (ABF) unmittelbar nach der Formteilherstellung durch Einhaltung eines Mindestspiels bzw. eines Höchstübermaßes. Die Berechnungen erfolgen nach Tabelle 4.7.
2. Garantie eines Mindestspiels bzw. eines Höchstübermaßes bei Abnahmebedingungen (AWB) und Rückrechnung der Anwendungspassung auf Abnahmebedingungen der Formteilfertigung (ABF). Die Berechnungen erfolgen nach Tabelle 4.8.

Welches Verfahren anzuwenden ist, muss nach der konkreten Aufgabenstellung entschieden werden. Häufig wird das 1. Verfahren zutreffend sein. Zweckmäßig ist auch eine Nutzung beider Verfahren, um die Einflüsse für eine Entscheidung besser einschätzen zu können. Eine Anwendung wird im Abschnitt 4.3 detailliert angegeben. Die Maßbezeichnungen der Tabelle 4.7 und Tabelle 4.8 sind in Tabelle 2.2 erklärt.

Tabelle 4.7 Nennmaßberechnung mit Montagegarantie bei Abnahmebedingungen der Formteilfertigung (ABF)

Vorgabe: S_u (Spielpassung) oder U_o (Presspassung)	
Einheitswelle ($N = G_{oW}$)	Einheitsbohrung ($N = G_{uB}$)
$G_{uB} = G_{oW} + S_u$	$G_{oW} = G_{uB} - S_u$
$G_{uB} = G_{oW} - U_o$	$G_{oW} = G_{uB} + U_o$
Mit G_{uB} aus DIN 16742/ISO 20457 T_B entnehmen:	Mit G_{oW} aus DIN 16742/ ISO 20457 T_W entnehmen:
$C_B = G_{uB} + T_B/2 \rightarrow C_F \pm T_B/2$	$C_W = G_{oW} - T_W/2 \rightarrow C_F \pm T_W/2$
$G_{oB} = G_{uB} + T_B$	$G_{uW} = G_{oW} - T_W$
Spiele und Übermaße bei Anwendungsbedingungen (AWB) überprüfen:	
$S_{oA} = G_{oB}\,(1 + \bar{\varepsilon}_B) - G_{uW}\,(1 + \bar{\varepsilon}_W)$	$S_{uA} = G_{uB}\,(1 + \bar{\varepsilon}_B) - G_{oW}\,(1 + \bar{\varepsilon}_W)$
$U_{oA} = \lvert G_{uB}\,(1 + \bar{\varepsilon}_B) - G_{oW}\,(1 + \bar{\varepsilon}_W)\rvert$	$U_{uA} = \lvert G_{oB}\,(1 + \bar{\varepsilon}_B) - G_{uW}\,(1 + \bar{\varepsilon}_W)\rvert$

Tabelle 4.8 Nennmaßberechnung mit Grenzmaßgarantie bei Anwendungsbedingungen (AWB)

Vorgabe: S_{uA} (Spielpassung) oder U_{oA} (Presspassung)	
Einheitswelle ($N = G_{oW}$)	Einheitsbohrung ($N = G_{uB}$)
$G_{uB} = \frac{G_{oW}(1+\bar{\varepsilon}_W)+S_{uA}}{1+\bar{\varepsilon}_B}$	$G_{oW} = \frac{G_{uB}(1+\bar{\varepsilon}_W)+S_{uA}}{1+\bar{\varepsilon}_B}$
$G_{uB} = \frac{G_{oW}(1+\bar{\varepsilon}_W)-U_{oA}}{1+\bar{\varepsilon}_B}$	$G_{oW} = \frac{G_{uB}(1+\bar{\varepsilon}_W)-U_{oA}}{1+\bar{\varepsilon}_B}$
Mit G_{uB} aus DIN 16742/ISO 20457 T_B entnehmen	Mit G_{oW} aus DIN 16742/ISO 20457 T_W entnehmen
$C_B = G_{uB} + T_B/2 \rightarrow C_F \pm T_B/2$	$C_W = G_{oW} - T_W/2 \rightarrow C_F \pm T_W/2$
$G_{oB} = G_{uB} + T_B$	$G_{uW} = G_{oW} - T_W$
Spiele und Übermaße bei Abnahmebedingungen der Formteilfertigung (ABF) überprüfen:	
$S_o = G_{oB} - G_{uW}$	$S_u = G_{uB} - G_{oW}$
$U_o = \lvert G_{uB} - G_{oW} \rvert$	$U_u = \lvert G_{oB} - G_{uW} \rvert$

Mit dem Zahlenwert der mittleren anwendungsbedingten Maßverschiebung ε kann bei Beachtung des Vorzeichens mit jedem CAD-System der entsprechende Anwendungsdatensatz und ggf. die Anwendungszeichnung für das Formteil erstellt werden. Mit diesem Datensatz sind dann alle üblichen Kollisionsanalysen durchführbar (z.B. für Passungen). Die Vorgehensweise entspricht der Schwindmaßberechnung für den Werkzeugkonturdatensatz.

4.3 Demonstrationsbeispiel für den Übergang der Maßbezugsebenen

Aufgabenstellung: Für eine Wäschespinne soll der zur Führung und Fixierung des Leinenschirms vorgesehene Stern (Bild 4.4) aus Kunststoff durch Spritzgießen gefertigt werden. Die Verschiebbarkeit des Sterns auf dem Standrohr muss durch eine Spielpassung (D) und der Festsitz der eingedrückten Rändelbuchse durch eine Presspassung (d) garantiert werden. Mit einer Feststellschraube im Muttergewinde der Rändelbuchse wird der Stern am Standrohr fixiert. Eindrücken der Rändelbuchse und Montage der Wäschespinne erfolgt nicht beim Formteilhersteller. Einfachwerkzeug mit umlaufendem Filmanschnitt im zylindrischen Teil des Sterns ist vorgesehen, um Bindenähte zu vermeiden. Als Werkstoffalternative soll neben PE-HD auch PA6 untersucht werden.

Die Vorgängerkonstruktion wurde mit D = 50,4 mm und d = 12 mm aus PE-HD mit Stangenanguss und vier Verteilerkanälen gespritzt. Eine Montage war häufig nicht möglich. Beim Einpressen der Rändelbuchse traten gelegentlich Risse an den Bindenahtstellen auf. Diese und andere Probleme waren Anlass zur Neukonstruktion des Sterns, wobei auch gleichmäßige Wanddicken die großen Unrundheiten verringern sollten.

Informationen zu den Teilen und Werkstoffen sind in Tabelle 4.9 angegeben.

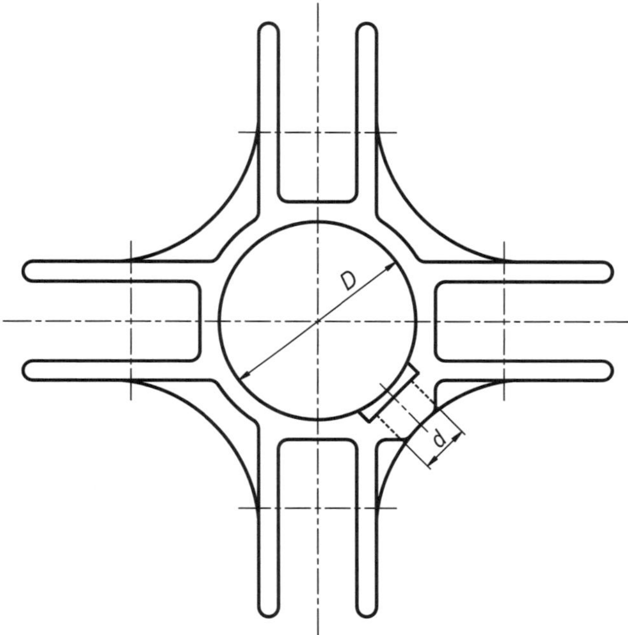

Bild 4.4 Stern für Wäschespinne

Tabelle 4.9 Teile und Werkstoffe für die Maßberechnung

Standrohr (Halbzeug)	AlMg1, Außendurchmesser: 50 ± 0,5 mm
Rändelbuchse mit M8-Muttergewinde, Rändel 0,5 (Zulieferteil)	AlMgSi, Außendurchmesser: 12,95 ± 0,05 mm
Stern (Spritzgießformteil)	PE-HD (ρ = 0,95 bis 0,96 g/cm^3); alternativ: PA6
	Recyclatzusatz des jeweiligen gleichen Typs geplant
	Formteilwanddicke: ca. 4 mm
	Formmassen: UV-stabilisiert

Anwendungsbedingungen (AWB)

- Mehrjähriger durchgängiger Aufenthalt (Freibewitterung) im mitteleuropäischen Klima. Klimamodell nach DIN 50019 „Winterraues gemäßigtes Klima“ mit δ_{max} = 40 °C und δ_{min} = −30 °C. Wasseraufnahme bis zur Sättigung für PA6 im Bereich 3 % bis 5 %.

- Temperung und Konditionierung sind nicht vorgesehen.
- Verschleiß und mechanische Verformungen können vernachlässigt werden. Verformung der Presspassung ist damit nicht erfasst.
- Ausreichende UV-Beständigkeit wird durch Auswahl lichtstabilisierter Kunststoffe erreicht.
- Aufgrund der Nutzung der Wäschespinne ist die Einwirkung netzmittelhaltigen Wassers (Seifenwasser) auf die Kunststoffteile vorauszusetzen (eventuell Spannungsrissgefahr!).

Tabelle 4.10 Stoffkennwerte für Maßberechnungen

Eigenschaften (Kurzzeichen)			PE-HD (Gruppe II)	PA6 (Gruppe I)	AlMg1 AlMgSi
α_{max}	in	10^{-3}%/K	20	12	2,4
α_{min}	in	10^{-3}%/K	15	9,5	2,4
NS_{max}	in	%	0,5	–	–
Q_{max}	in	%	–	1,6	–
Streckgrenzdehnung ε_S bei Einwirkung von Netzmittellösung			8 bis 12 % ohne Recyclat und 4 bis 6 % mit Recyclat	4 bis 6 % (trocken)	–

Bei allen Werkstoffdaten für Polymere muss immer mit relativ großen Streubereichen gerechnet werden. Die Daten nach Tabelle 4.10 wurden für die Zwecke der Maßberechnung mit ausreichender Sicherheit festgelegt. Die Gruppenzuordnung entspricht Bild 4.3. Der Einfluss der Nachschwindung bei PA6 wurde als Überlagerung der Quellung berücksichtigt. Die max. Nachschwindung von PE-HD wurde u. a. aus mehrjährigen Bewitterungsversuchen an Flaschenkästen abgeleitet.

Um den Einfluss der Recyclatzusätze (bis maximal 50 %) auf die Streckgrenzdehnung als Maß der Verformungsfähigkeit der Kunststoffe zu bestimmen, wurden entsprechende Zugversuche unter Einwirkung tensidhaltigen Wassers durchgeführt. Es zeigte sich, dass für PE-HD die Streckgrenzdehnung bis auf ca. 4 % reduziert wurde. Für PA6 wurde der spritzfrische (trockene) Zustand für die Prüfung vorgegeben, da die Montage auch unmittelbar nach der Spritzgießfertigung erfolgen kann. Signifikanter Netzmitteleinfluss war nicht feststellbar.

Spiele und Übermaße

Da das Standrohr der Spielpassung und die Rändelbuchse der Presspassung als Passungsbezugsteile (Wellen) maßlich vorgegeben sind, handelt es sich in beiden Fällen um das Passungssystem Einheitswelle (Bild 2.7 in Kapitel 2 „Maßhaltigkeit und geometrische Produktspezifikationen“).

Die Spielpassung Standrohr/Stern-D erfordert eine störungsfreie Bewegung bei Montage und Nutzung, wobei zur Absicherung gegen Unrundheiten ein Mindestspiel S_u = 0,3 mm zumindest bei der Montage einzuhalten ist. Das Höchstspiel kann etwa S_o = 2 mm betragen. Da die zentrische Verspannung mittels Stellschraube ausgleichend wirkt, sind auch Überschreitungen des Höchstspiels unkritisch. Alle Grenzspiele beziehen sich auf die engste Stelle (Filmanschnitt) der zylindrischen Führung, da durch die Entformungsschrägen eine punktuelle Festlegung von Nennmaß und Toleranz erforderlich ist (Bild 2.5 in Kapitel 2 „Maßhaltigkeit und geometrische Produktspezifikationen").

Die Presspassung Rändelbuchse / Stern-d erfordert zum Eindrehen der Feststellschraube ein geringes Mindestübermaß (z. B. U_o = 0,02 mm), um Festsitz bei der Verdrehbeanspruchung zu garantieren. Das Höchstübermaß wird durch die Rissbildungsdehnung von ca. 4 % bestimmt, welche bei der Montage einen Wert von U_o = 0,5 mm mit Sicherheit zulässt.

Auswertung: Der Leser möge verzeihen, dass hier eine simple und altehrwürdige Wäschespinnenkonstruktion als Demonstrationsbeispiel verwendet wurde. Dieses Beispiel hat aber den entscheidenden Vorteil, dass Funktion und Geometrie für alle nachvollziehbar ist. Außerdem ist die Parallelität von Spiel- und Presspassung ein didaktischer Vorteil.

Es handelt sich hier nicht um punktuelle Ergebnistreffer, sondern um ein Verfahren der Abschätzung verschiedener Einflüsse in ihrer realistischen Schwankungsbreite. Die rechentechnischen Vorrausetzungen sind durch Computernutzung gegeben. Echte Schwierigkeiten bereitet die Beschaffung erforderlicher Daten zur Klärung der unterschiedlichen Einflüsse auf die Maßhaltigkeit. Hier ist ein weites „Feld" für praktisch nutzbare Kunststoffdaten aufgetan, dass vom Formmassehersteller und von anderen kunststofftechnischen Institutionen zu „beackern" wäre. Ein Teil konventioneller Daten, die kaum von praktischer Bedeutung sind, könnten dafür eingespart werden.

Zu den Einflüssen gehört auch die Frage, wie sich eine Teilenachbehandlung durch Konditionieren oder Tempern auf die Maßhaltigkeit bei der Formteilanwendung auswirkt. Im vorliegenden Beispiel würde aus dieser Sicht die Wässerung von PA6 für den Wäschespinnenstern keine Vorteile ergeben.

Die konkreten Berechnungsergebnisse zum Stern sind leicht gerundet in den Tabelle 4.11, Tabelle 4.12 und Tabelle 4.13 angegeben. Sie beruhen auf allen vorstehenden Datenangaben und Berechnungsvorschriften.

Tabelle 4.11 Werkstoffbedingte Maßverschiebung und Maßstreuung

Werkstoff	ε in %	r in %
PE-HD	– 0,48	0,88
PA6	0,65	1,24
AlMg1; AlMgSi	– 0,04	0,17

Tabelle 4.12 Rechenergebnisse der Spielpassung Standrohr/Stern-*D* (Maße in mm)

Werkstoff für Stern	D_A	R	T_A	S_{oA}	S_{uA}	S_{mA}
PE-HD	50,9	0,45	0,87	1,8	0,1	0,95
PA6	51,5	0,63	0,97	2,4	1,6	2,0

T_F = 0,74 mm nach DIN 16742 für beide Werkstoffe
$D = C_F$ = 51,2 ± 0,37 mm

Tabelle 4.13 Rechenergebnisse der Presspassung Rändelbuchse/Stern-*d* (Maße in mm)

Werkstoff für Stern	d_A	R	T_A	U_{oA}	U_{uA}	U_{mA}
PE-HD	12,6	0,11	0,44	0,55	0,22	0,39
PA6	12,8	0,16	0,46	0,41	0,12	0,27

T_F = 0,43 mm nach DIN 16742 für beide Werkstoffe
$d = C_F$ = 12,7 ± 0,22 mm

Die fertigungstechnisch möglichen Formstofftoleranzen (T_F) wurden für Normalfertigung nach DIN 16742 bestimmt. Einzelheiten zu diesem Beispiel sind im Kapitel 8 „Fertigungstolerierung nach DIN 16742“ enthalten.

Zur Bewertung von Spielen und Übermaßen durch den Konstrukteur sind deren Mittelwerte (S_m, U_m) zu bevorzugen, da sie die häufigsten Werte anzeigen. Insofern ist z.B. das geringe Mindestspiel für PE-HD bei AWB (S_{uA} = 0,1 mm) im Vergleich zur Unrundheit von 0,3 mm weniger kritisch, zumal Relaxationsprozesse nach längerer Zeit ausgleichend wirken.

Der Stern aus PE-HD erfüllte ohne Beanstandungen seine Funktion. Der Vergleich mit den Maßen der Vorgängerkonstruktion macht deren Probleme verständlich. PA6 wurde aus Kostengründen für die Anwendung ausgeschlossen.

5 Kunststoffeigenschaften und deren Einfluss auf die Formteile unter Berücksichtigung der Maßhaltigkeit

5.1 Einführung

In der Einleitung zur DIN 16742 und auch der ISO 20457 wird u. a. ausgeführt: „Wegen der besonderen Struktur der Kunststoffe und deren stofflichen Modifizierungsmöglichkeiten ist das Eigenschaftsbild völlig verschieden von dem der Metalle. Maßhaltigkeitsrelevante Eigenschaften der Kunststoffe bei der Formteilanwendung und bei der Verarbeitung durch Urformverfahren (Spritzgießen, Pressen, Rotationsformen) erfordern daher eine deutlich andere Bewertung und Quantifizierung geometrischer Toleranzen im Vergleich zu Metallwerkstoffen. Die für Metalle gültigen Toleranznormen können daher nicht oder nur sehr eingeschränkt für Kunststoffkonstruktionen übernommen werden.

Abhängig von der Formstofffestlegung, Formteilgestaltung und Werkzeugauslegung hat die Verarbeitung der Kunststoffe erheblichen Einfluss auf die Maßhaltigkeit der Formteile. Die Verarbeitungsmaschinen der Urformverfahren sind komplexe thermodynamisch-rheologische Verbundsysteme, die trotz hochentwickelter Fertigungstechnik noch weitgehend empirisch betrieben und optimiert werden.

Maßrelevante Eigenschaften sind u. a. die extreme Spannweite der typabhängigen Steifigkeit bzw. Härte sowie der Verarbeitungsschwindung. Instationäre und inhomogene Werkzeug- und Formteiltemperaturen in Verbindung mit fließtechnisch bedingten Orientierungen von Mikrostrukturen und Zusatzstoffen führen zu Eigenschaftsanisotropien, die einen mehr oder weniger ausgeprägten Verzug (Verwölbung, Verwindung, Verwerfung) der Formteile bewirken. Damit sind Form-, Lage- und Winkelabweichungen in höchst komplexer Weise verbunden, die im Vergleich zu Metallen eine Normung erheblich erschweren.“

Die vorstehend beschriebene Problematik macht es für den kunststofftechnisch nicht oder weniger ausgebildeten Personenkreis erforderlich, werkstoff- und verarbeitungstechnische Grundlagen mit dem Schwerpunktaspekt Maßhaltigkeit darzustellen. Damit soll Verständigungswissen zur geometrischen Tolerierung von Kunststoff-Formteilen vermittelt werden. Zur Bearbeitung der Abschnitt 5.1, Abschnitt 5.2

und Abschnitt 5.3 folgt der Verfasser weitgehend seinen Ausführungen im Saechtling-Kunststofftaschenbuch [10].

Zunächst soll eine Übersicht zur Stellung der Kunststoffe innerhalb des Gesamtwerkstoffgebiets gegeben werden (Bild 5.1 und Bild 5.2).

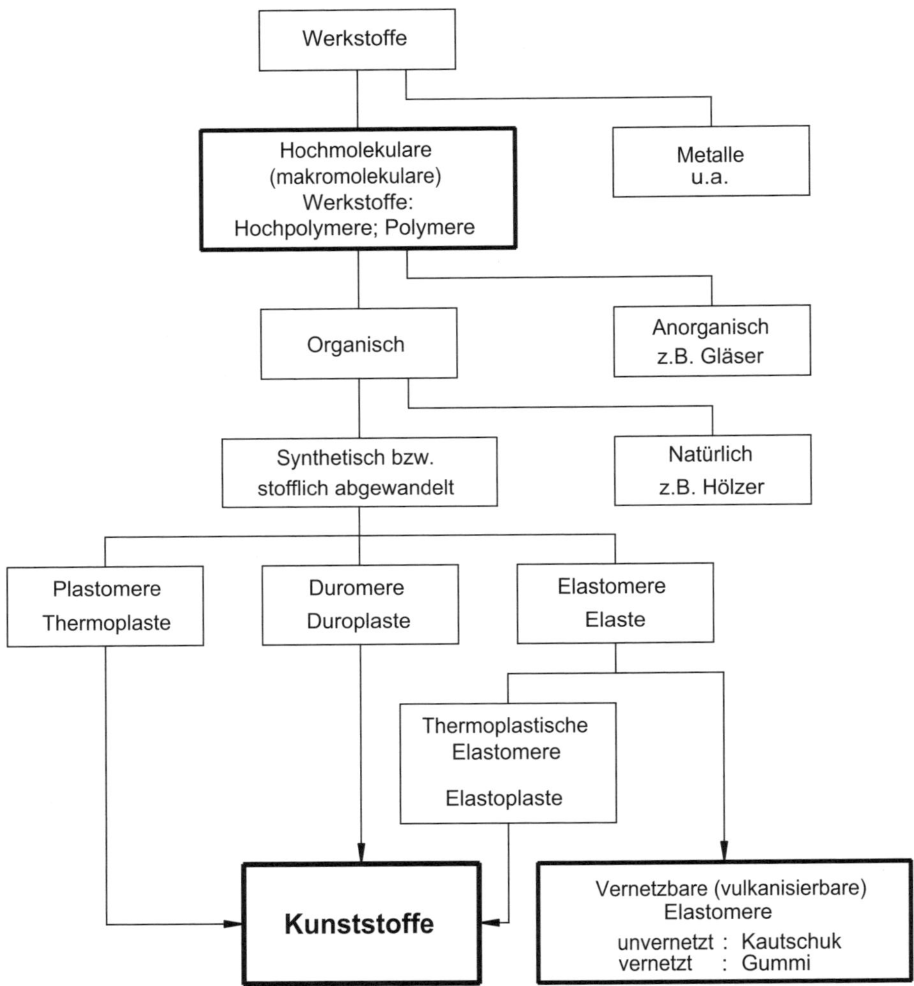

Bild 5.1 Einordnung der Kunststoffe in das Werkstoffgebiet

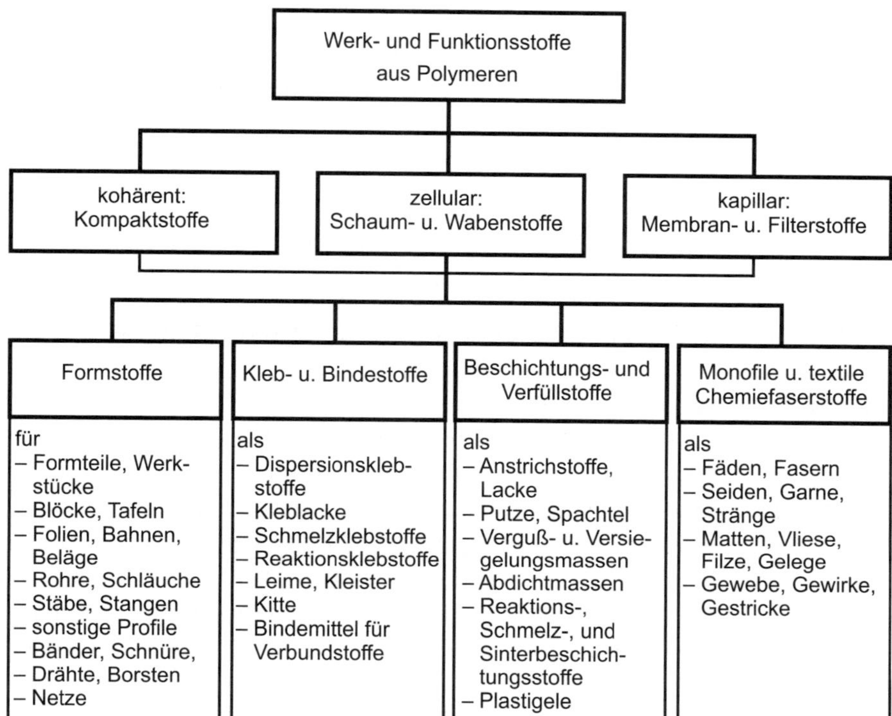

Bild 5.2 Einordnung polymerer Werk- und Funktionsstoffe nach Makrostruktur und Anwendungszweck

Für die Zwecke dieses Buches werden nur die Formstoffe betrachtet. In der Kunststofftechnik ist im Gegensatz zur Metallbranche auch bei Konstrukteuren die Unsitte verbreitet, Kunststofftypen mit Handelsnamen zu benennen. Wer davon partizipiert, ist leicht nachvollziehbar. Um diesbezüglich eine neutrale Verständigung zu befördern, sind in Tabelle 5.1 die wichtigsten Normen zur Bezeichnung von Polymeren angegeben.

Tabelle 5.1 Normen zur Kennzeichnung von Polymeren (Benennung und Kurzzeichen)

DIN EN ISO 1043-1	Basis-Polymere und ihre besonderen Eigenschaften
DIN EN ISO 1043-2	Füllstoffe und Verstärkungsstoffe
DIN EN ISO 1043-3	Weichmacher
DIN EN ISO 1043-4	Flammschutzmittel
DIN EN ISO 18064	Thermoplastische Elastomere
DIN ISO 1629	Kautschuk und Latices
DIN EN ISO 11469	Sortenspezifische Identifizierung und Kennzeichnung von Kunststoff-Formteilen (ausgenommen Packmittel)
DIN 7726	Schaumstoffe – Begriffe, Einteilung

Zum Verständnis der Eigenschaften von Polymeren ist eine stoffbezogene Strukturbetrachtung unerlässlich, um eine Leitlinie zur Aneignung von Faktenwissen zu etablieren. Diesem Anliegen dient in erster Linie der folgende Abschnitt.

■ 5.2 Strukturbeschreibung der Polymere

5.2.1 Chemische Strukturen (Konstitution der Makromoleküle)

Organische Makromoleküle bestehen aus vielen sich wiederholenden Grundbausteinen (Monomere), deren chemische Bindung meist als Elektronenpaarbindung (Atombindung) erfolgt. Am atomaren Aufbau der Polymermoleküle sind hauptsächlich die Nichtmetallelemente Kohlenstoff (C), Wasserstoff (H) und Sauerstoff (O) beteiligt. Relativ häufig treten noch Stickstoff (N), Chlor (Cl), Fluor (F) und Schwefel (S) auf. Sogenannte halborganische Verbindungen (z.B. Silikone) enthalten auch Silizium (Si). Wichtige chemische Aufbaureaktionen sind Polymerisation, Polykondensation und Polyaddition. Polymere aus unterschiedlichen Monomeren werden als Copolymere bezeichnet, deren vielfältige Konstitutionsvarianten in Tabelle 5.2 schematisch dargestellt sind.

Tabelle 5.2 Konstitution thermoplastischer Copolymere

Random- oder statistische Copolymere	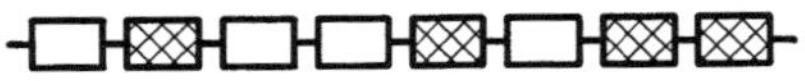	Statistische Monomerenanordnung
Sequenzcopolymere	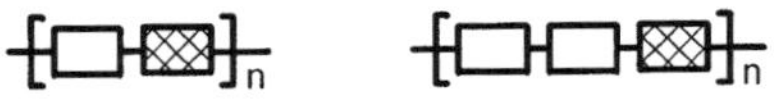 n n	Periodische Anordnung von Monomersequenzen
Segmentblockcopolymere	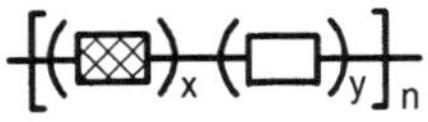 x y n	Segmentierte Anordnung von homopolymeren Molekülblöcken
Teleblockcopolymere	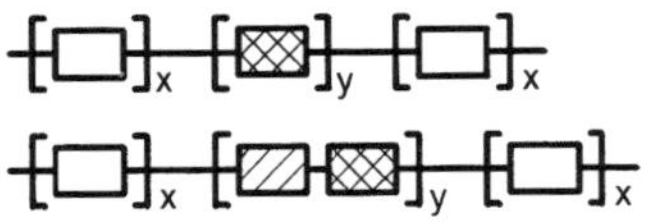 x y x x y x	Anordnung von endständigen Molekülblöcken gleicher Monomerart an einem homo- oder copolymeren Mittelblock
Pfropfcopolymere	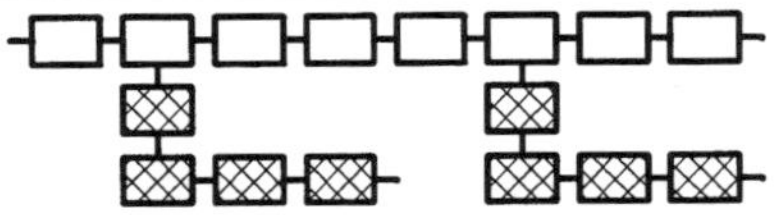	Aufpfropfen von Molekülblöcken auf einen Basisblock zu verzweigten Makromolekülen

Bereits die bisher besprochenen Strukturmerkmale erlauben folgende Rückschlüsse auf das Eigenschaftsbild üblicher Polymere:

- geringe elektrische Leitfähigkeit (elektrische Isolatoren);
- geringe Wärmeleitfähigkeit (thermische Isolatoren);
- spezifisch leichte Werkstoffe (Dichte: 0,8 bis 2,2 g/cm^3);
- begrenzte thermische Beständigkeit, da eine irreversible Aufspaltung der Atombindung mit relativ geringer Energie möglich ist;
- überwiegend im Grundzustand nicht UV-beständig.

Organische Polymere werden überwiegend aus Erdöl synthetisch hergestellt. Seit der entwickelten Welterdölförderung ergeben sich die folgenden Nutzungsanteile als relativ konstante Größen:

- Verbrennung mit schlechtem Wirkungsgrad und großer CO_2-Erzeugung: 80 %.
- Stoffliche (chemische) Nutzung mit sehr großer Ausbeute: 6 % Polymere einschließlich Chemiefaserstoffe, 14 % sonstige Stoffe.

So viel zur Verhinderungsmöglichkeit der Weltklimakatastrophe durch Abschaffung der Kunststoffe.

Ein sehr geringer Anteil der Kunststoffe wird durch stoffliche Abwandlung von Biopolymeren (z. B. Stärke, Cellulose, Eiweiß) hergestellt. Echte Biopolymere (kompostierbar) machen weniger als 0,5 % der Weltkunststoffherstellung aus, tendenziell deutlich fallend. Diese Kunststoffe sind für den Einsatz als technische Teile, insbesondere bei hohen Maßhaltigkeitsforderungen, meist nicht geeignet.

Ohne jeden Zweifel ist die Verschmutzung der Umwelt mit Kunststoffen besorgniserregend.
Mit Blick auf die funktionellen Augmente, welche für den sinnvollen Einsatz von Kunststoffen sprechen, wie Leichtbau, Anpassungsfähigkeit der Eigenschaften, Elektrisches- und Wärmeisolationsvermögen wird sicher kein umfassend denkender Mensch auf den Einsatz und die Anwendung von Kunststoffen verzichten wollen und können.

Umso wichtiger ist das sich die gesamte Menschheit an geschlossene Stoffkreisläufe gewöhnt. Dies gilt ebenso für alle anderen Materialien. Nationale oder regionale Alleingänge können hier lediglich Wege aufzeigen, lösen aber das Problem nicht.

Kondensierte Stoffzustände (fest, flüssig) werden durch zwischenmolekulare Kräfte (ZMK) bewirkt. Diese Nebenvalenzkräfte verfügen über ein deutlich geringeres Kräftepotential als die chemische Atombindung als Hauptvalenzkraft. Eine ausführliche Charakteristik der ZMK findet sich in Tabelle 5.3. Sie entstehen durch temporäre oder permanente Ladungsverschiebungen innerhalb der Atome und Moleküle. Die Gesamtheit aller ZMK eines Stoffes ist die Molkohäsion.

Tabelle 5.3 Zwischenmolekulare Kräfte (ZMK)

Art/Wirkungsprinzip	Ladungsfixierung	Temperatureinfluss	Einzelkraftwirkung	Beitrag zur Molkohäsion
Dispersionskräfte: allseitig wirksame, ungerichtete Anziehung zwischen fluktuierenden Ladungsschwerpunkten von Atombindungsorbitalen (atomare Dipole)	nicht möglich	gering	sehr gering	meist hoch; in allen Stoffen wirksam
Induktionskräfte: wenig gerichtete, induzierte Anziehung zwischen permanenten Molekülgruppendipolen und polarisierbaren Molekülteilen mit „verschieblichen“ Elektronen (z. B. π-Elektronen in Aromaten und konjugierten Mehrfachbindungen)	nicht möglich	gering	gering	meist gering
Dipol- oder Orientierungskräfte: gerichtete Anziehung zwischen permanenten Molekülgruppendipolen	nicht möglich	groß	mittel bis groß je nach Dipolstärke	abhängig von Dipolkonzentration und -stärke u. U. hoch
Wasserstoffbrückenkräfte: gerichtete Anziehung zwischen permanenten Molekülgruppendipolen, die einerseits als Protonendonator mit „verschieblichen“ H-Atomen (X – H) und andererseits als Protonenacceptor (Y) wirken: X – H ... Y	möglich (Vorstufe eines Ionengitters)	groß	groß	abhängig von H-Brückenkonzentration u. U. sehr hoch
Ionenkräfte (Coulombsche Kräfte): allseitige elektrostatische Anziehung von Ionenrümpfen	im Ionengitter oder Ionencluster	gering	sehr groß	abhängig von Ionenkonzentration

Die Wechselwirkung zwischen Makromolekül und Fremdmoleküle ist schematisch in Bild 5.3 dargestellt. Fremdmoleküle werden je nach Polarität der ZMK „angezogen“ (z. B. Wasseraufnahme von PA6) oder „zurückgewiesen“ (z. B. Mineralöl bei PA6).

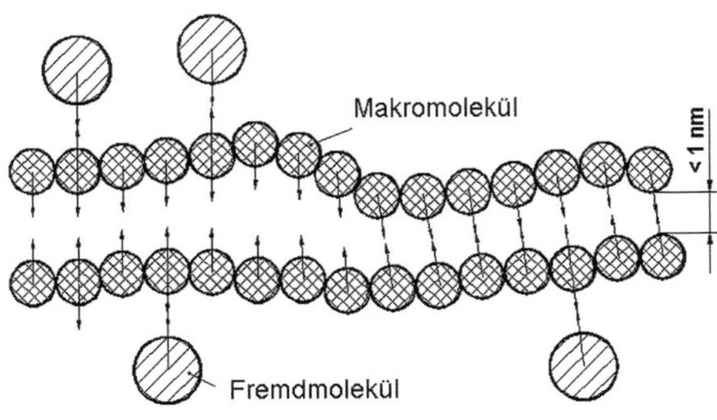

Bild 5.3 Wechselwirkungsschema der zwischenmolekularen Kräfte (ZMK)

Makromoleküle sind im Vergleich zu niedermolekularen Stoffen (z. B. Wasser) im unvernetzten Zustand (Thermoplaste) extrem lange Fadenmoleküle. Bei angenommener Fadenvergleichsdicke von 1 mm ergeben sich etwa 2 m bis 200 m gestreckte Länge der Moleküle für technisch genutzte Kunststoffe. Für spezielle Biopolymere sind die Moleküle um Größenordnungen länger (Bild 5.4).

Bild 5.4 Makromolekülausschnitt [19]

In der Polymerphysik wird als Maß der Molekülgröße die Molmasse angegeben. Um die Relationen verschiedener Stoffgruppen zu zeigen, werden nachstehend die Massen für ein Mol eines Stoffes ($\approx 6 \cdot 10^{23}$ Moleküle) angegeben:

Niedermolekulare Stoffe	2 g (H_2), 18 g (H_2O) usw. bis ca. 500 g
Oligomere	über 0,5 bis 10 kg
Polymere	über 10 kg bis 1 t für übliche Thermoplastkunststoffe, über 1 t für Spezial- und Biopolymere.

Bei Duroplasten und Gummi ist eine sinnvolle Angabe von Molmassen wegen der Molekülvernetzung nicht möglich.

Bei den Polymeren handelt es sich immer um ein Gemisch unterschiedlich großer Molekülfraktionen, d. h. um polymolekulare Stoffsysteme. Die Angabe einer Molmasse ist daher immer ein statistischer Mittelwert, dessen Zahlenwert vom Verteilungsspektrum der Einzelmoleküle und der Art der Mittelwertbildung abhängt. In Bild 5.5 sind solche charakteristischen Mittelwerte in ihrer relativen Lage angegeben. Für Eigenschaftskorrelationen wird der Gewichtsmittelwert bevorzugt.

Vielfalt und Streubreite der Molmassen und damit der Moleküllängen haben erheblichen Einfluss auf das Fließverhalten (Rheologie) sowie auf thermische und mechanische Eigenschaften. Es handelt sich hierbei um eine Einflusskategorie, die für niedermolekulare Stoffe (auch Metalle) generell nicht zutrifft.

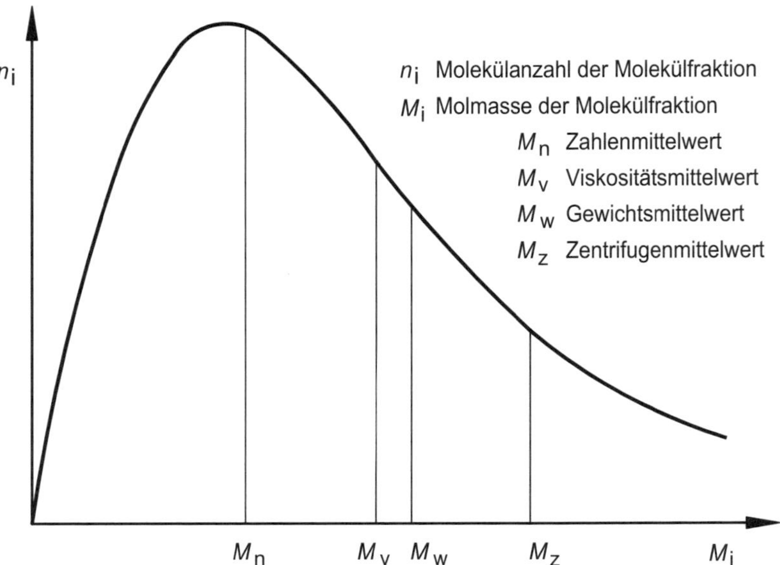

Bild 5.5 Molmasseverteilung und Molmassemittelwerte von Polymeren

Schwankungen der Molmassen zwischen einzelnen Materialchargen bewirken unterschiedliche Fließfähigkeiten der hochpolymeren Materialien. Da diese zu Schwankungen in der Verarbeitungsschwindung führen, sind hierdurch bedingte Maßschwankungen der Formteile die direkte Folge. Zu einem sehr großen Anteil wird in der Kunststoffverarbeitenden Industrie hinsichtlich der Materialqualität sogenannte Industrieware verarbeitet. Die hier von den Materialherstellern- und händlern zugesagten Schwankungen der Molmassen sind erstaunlich groß. Dies begrenzt die Möglichkeit der Einhaltung enger Toleranzen drastisch.

Ab einer bestimmten Kleinheit der Toleranzen ist die Verarbeitung von Materialqualitäten mit eingeschränkten Eigenschaftsschwankungen unerlässlich. Allerdings kosten diese Materialtypen ca. das drei- bis sechsfache des Preises der „normalen" Industrieware.

5.2.2 Morphologische Strukturen (Konformation und Aggregation der Makromoleküle)

Die Ordnungsstrukturen (Morphologie) der Polymere beeinflussen erheblich die maßrelevanten Eigenschaften. In einer vereinfachten Übersicht sollen daher entsprechende Aspekte erklärt werden. In der Größenordnung unterhalb der Wellenlänge des sichtbaren Lichtes lassen sich die in Bild 5.6 schematisch dargestellten molekularen Ordnungsstrukturen der Polymerphasen unterscheiden.

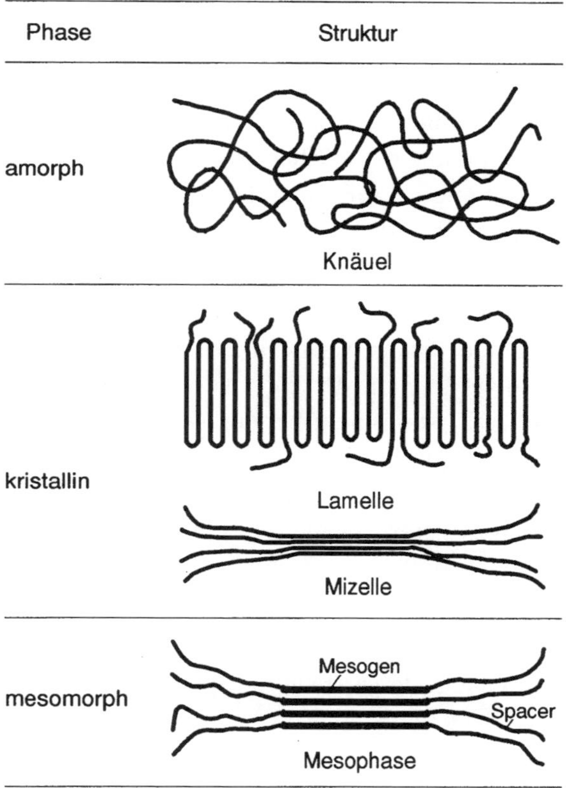

Bild 5.6 Molekulare Ordnungsstrukturen von Polymerphasen

Amorphe Phase

Sind die Makromoleküle hinreichend beweglich, aber durch unregelmäßige und sperrige Gestalt nicht optimal für eine enge „Molekülpackung“ geeignet, wird bei entsprechend tiefer Temperatur (Festzustand) durch maximale Unordnung (Entropie) der energieärmste Ordnungszustand „eingefroren“, d. h., die Moleküle liegen als amorphe Knäuel- oder Wattebauschstruktur vor. Amorphe Polymere ohne Zusatzstoffe sind immer transparent, da alle Phasenbestandteile kleiner als die Wellenlänge des sichtbaren Lichtes sind.

Kristalline Phase

Sind die Makromoleküle sehr gleichmäßig aufgebaut und unterstützen die zwischenmolekularen Kräfte (ZMK) eine enge Annäherung der Moleküle, so bilden sich Kristallite, da Ordnungsvergrößerung partiell einen größeren Energiegewinn als Entropievergrößerung ergibt. Je nach Flexibilität der Moleküle erfolgt die Kristallitbildung durch Faltung (Lamellen) oder Parallellagerung (Mizellen). Die Kristallitelementarzellen (Gitterstrukturen) können sich bei bestimmten Temperaturen umlagern und damit erhebliche Maßänderungen bewirken.

So findet z. B. für PTFE bei 19 °C eine Gitterumwandlung statt, die eine Volumenerhöhung von ca. 1 % ergibt. Würde man aus PTFE-Halbzeug besonders maßhaltige Werkstücke spanend herstellen, so wäre dieser Einfluss, z. B. bei der Maßprüfung, von Bedeutung. Beim Abkühlen von PB-Spritzgießteilen tritt bei ca. 20 °C nach wenigen Tagen eine Umwandlung der Kristallmodifikation mit bis zu 2 % Nachschwindung auf. Solche Effekte müssen unbedingt bei der Festlegung der Abnahmebedingungen der Fertigung (ABF) berücksichtigt werden (Kapitel 4 „Maßbezugsebenen für die Anwendung und Fertigung von Formteilen“).

Die Kristallbildung wird, wie auch bei niedermolekularen Stoffen, durch die Teilschritte Keimbildung und Kristallwachstum bestimmt. Die Vielfalt der Molekülkonformationen sowie die Tendenz der Entropievergrößerung (Molekülknäuelung) lassen eine vollständige Kristallisation bei der Verarbeitung der Kunststoffe nicht zu. Solche Polymere sind daher immer nur teilkristallin. Ihre morphologische Struktur ist durch ein Gemenge von amorphen und kristallinen Phasen gekennzeichnet, deren Grenzen auf molekularer Ebene nicht eindeutig bestimmbar sind. Gleiche Makromoleküle können sowohl der amorphen als auch der kristallinen Phase angehören.

Im Regelfall aggregieren die lamellaren bzw. mizellaren Kristallite zu kristallinen Überstrukturen, deren häufigste Vertreter die Sphärolithe sind (Bild 5.7).

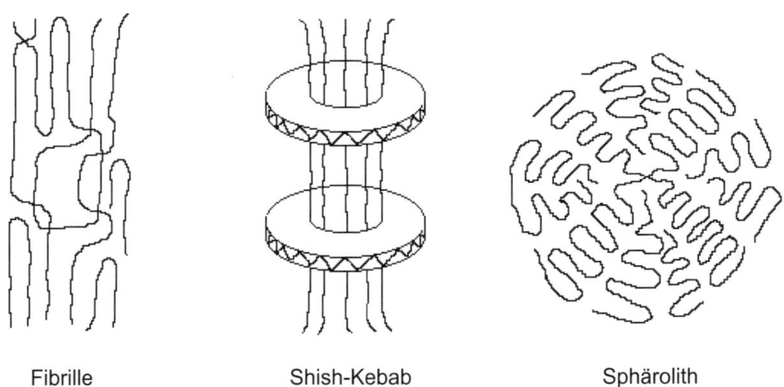

Bild 5.7 Schemata kristalliner Überstrukturen

Der kristalline Anteil wird durch den Kristallisationsgrad angegeben, der bei besonders leicht kristallisierenden Polymeren (z. B. PE-HD, PP, POM) 60 bis 80 % betragen kann. Für die Mehrzahl der teilkristallinen Kunststoffe liegen die Kristallinitätsgrade zwischen 20 bis 55 %. Die Dichte der kristallinen Phase ist etwa 10 bis 20 % größer als die der amorphen Phase. Da die Abmessungen der kristallinen Überstrukturen (Bild 5.7) immer größer als die Wellenlänge des sichtbaren Lichtes sind, erscheinen solche Kunststoffe ohne Zusatzstoffe visuell je nach Kristallisationsgrad als transluzente bis opake Körper.

Kristalline Strukturen verkörpern den höchsten molekularen Ordnungszustand von Polymeren im Sinne dichtester Molekülaggregationen mit entsprechend verstärkten Anziehungskräften der ZMK. Das Aufschmelzen erfordert zusätzliche latente Umwandlungswärme als Schmelzwärme. Daher wird zum Plastifizieren teilkristalliner Kunststoffe mehr Energie als bei amorphen für gleiche Temperaturbereiche benötigt.

Inhomogene Kristallkeimbildung, unterschiedliche Abkühlungsgeschwindigkeit sowie Temperaturgradienten im Stoff können kristalline Strukturen erzeugen, die nach Zahl, Form, Größe und Verteilung sehr unterschiedlich sind. Die morphologische Struktur teilkristalliner Polymere wird daher immer mehr oder weniger inhomogen sein und die davon abhängigen Eigenschaften und Eigenschaftsanisotropien stark beeinflussen.

Bei der Verarbeitung teilkristalliner Kunststoffe, insbesondere durch Spritzgießen, müssen daher Bedingungen für eine zielgerichtete Beeinflussung der Kristallisation beachtet werden.

- Größerer Kristallisationsgrad und gleichmäßig feinkörniges Gefüge bewirken die Erhöhung der Verschleißfestigkeit, Härte bzw. Steifigkeit, Zähigkeit, Wärmeformbeständigkeit, Medienbeständigkeit und Oberflächenglanz.
- Eine damit verbundene Erhöhung der Verarbeitungsschwindung verringert entsprechend die Nachschwindung bei der Formteilanwendung. Die höhere Verarbeitungsschwindung resultiert aus der größeren Dichte der kristallinen Phase. Die Summe aus Verarbeitungsschwindung und Nachschwindung ist in erster Näherung konstant.

Die Kristallisation lässt sich besonders wirksam durch den Keimbildungsvorgang beeinflussen.

Keimbildung ohne Keimzusätze

Die Keimbildung ist thermisch beeinflusst mit zufälliger Verteilung zeitlich nacheinander entstehender Keime in der Schmelze. Es entsteht meist ein ungeordnetes Grobkorngefüge (Bild 5.8), insbesondere bei ungleichmäßiger Temperaturverteilung. Schnelle Abkühlung verringert die Keimbildung und damit die Kristallisation (z. B. geringe Werkzeugkonturtemperatur, dünnwandige Formteile) und führt außer-

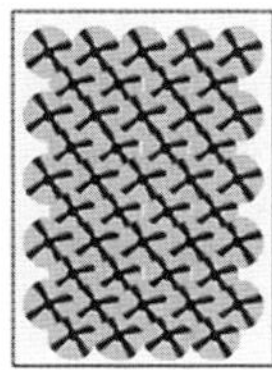

Bild 5.8 Gefügeschemata kristalliner Überstrukturen

dem zur Unterkühlung der Schmelze, so dass die Erstarrungstemperatur 20 bis 40 K unter der Schmelztemperatur liegt. In den Randzonen der Spritzgießteile ergibt sich zwangsläufig ein geringerer Kristallisationsgrad mit deutlich geringerer Verschleißfestigkeit. Für Zahnräder, Gleitlager und andere verschleißbeanspruchte Formteile ist dies eine ungünstige Situation, die durch nachstehende Maßnahmen abgestellt werden kann.

Keimbildung mit Keimzusätzen

Durch die in der Schmelze verteilten Fremdstoffpartikel (Zusatzstoffe, Verunreinigungen, Nukleierungsmittel) gleichzeitig bewirkte Keimbildung, die weitgehend unabhängig von thermischen Einflüssen ist und eine feinkörnige Kristallstruktur erzeugt (Bild 5.8). Der Zusatz von speziellen Nukleierungsmitteln (Additive mit Partikelgrößen 1 bis 10 µm) ergibt besonders hohe Kristallisationsgrade, kurze Erstarrungszeiten und feinkörniges Kristallgefüge.

Mesomorphe Phase

Nach den bisherigen Strukturbetrachtungen ist es vorstellbar, dass extrem steife Makromoleküle (z. B. Leiterpolymere) weder zu einer amorphen Knäuelstruktur, noch zu einer Einordnung im Kristallgitter befähigt sind. Die Moleküle sind wenig flexible Stäbchen (Mesogene), die nur einen geringen Freiheitsgrad der Beweglichkeit besitzen. Falls eine größere Beweglichkeit in der Schmelze oder in Lösung möglich ist, ordnen sie sich zu anisotropen Parallelstrukturen (Modell: Baumstämme im Fluss), die als Mesophasen bezeichnet werden. Zwischen den Mesogenen herrschen zwar ZMK, deren Kohäsion aber nicht annähernd mit echten Kristallgitterstrukturen verglichen werden kann.

Es liegt also ein kristallähnlicher Ordnungsgrad mit geringem Energieniveau vor. Realisiert man einen flüssigkeitsähnlichen Zustand (Schmelze, Lösung), so bleibt die Mesophasenstruktur meist erhalten. Daher werden Polymere mit derartigen Strukturen als flüssigkeitskristalline Polymere (liquid crystal polymers = LCP) bezeichnet. Da jede noch so geringe Bewegung die Mesogene in Fließrichtung orientiert und damit hochbelastbare anisotrope Strukturen erzeugt, spricht man auch von eigenverstärkenden Polymeren. Die Mesophasenstruktur als Zwischenglied amorpher und kristalliner Struktur wird als mesomorph bezeichnet.

Durchgängige Leiterpolymere (z. B. Aramide) sind durch Erwärmung nicht plastizierbar, d. h. der flüssigkeitsähnliche Zustand ist nur in Lösung (lyotrope LCP) erreichbar. Sollen wärmeplastizierbare (thermotrope) LCP erzeugt werden, so kann dies durch Kombination von Leiterstrukturen mit flexiblen Molekülsegmenten, den sogenannten Spacern, erreicht werden. Bei diesen Polymeren beschränkt sich die Mesophasenstruktur auf die Mesogene (Bild 5.6). Oberhalb der sogenannten Klärtemperatur wird die Mesophasenstruktur in eine ungeordnete isotrope Struktur überführt. Dabei ist vorausgesetzt, dass vorher keine thermische Zersetzung erfolgt. Die Schmelzwärme für LCP ist vernachlässigbar klein.

Beim Spritzgießen von LCP ist zwar in Fließrichtung ein große Festigkeit und Steifigkeit zu erzielen, aber nur durch erhebliche Einschränkung der Querfestigkeit. Bindenähte sind daher Schwachstellen, die in Verbindung mit dem hohen Materialpreis die Anwendung der LCP trotz großer Fertigungsgenauigkeit stark einschränken.

5.2.3 Vernetzte Strukturen

Bei den bisherigen Strukturbetrachtungen wurde überwiegend eine „individuelle" Molekülstruktur vorausgesetzt, d.h., die Einzelmoleküle sind mit Nachbarmolekülen nicht im Sinne einer permanenten oder temporären Bewegungsbehinderung vernetzt.

Die partielle Bewegung von Makromolekülsegmenten im Festzustand wird **mikrobrownsche Molekularbewegung** genannt, um sie von der relativen Lageänderung ganzer Makromoleküle in der Schmelze oder Lösung, der **makrobrownschen Molekularbewegung**, abzugrenzen. Die Behinderung der molekularen Beweglichkeit durch Molekülvernetzung soll näher betrachtet werden.

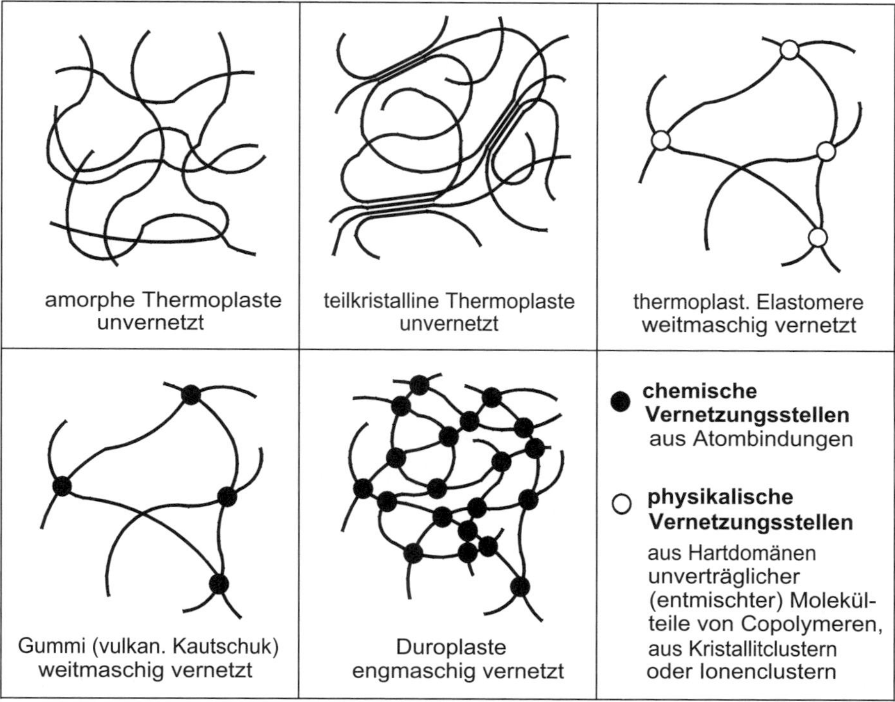

Bild 5.9 Molekulare Basisstrukturen von Polymeren

In Bild 5.9 sind alle molekularen Basisstrukturen von Polymeren im Festzustand schematisch dargestellt, wobei die thermotropen LCP bei den teilkristallinen Thermoplasten einzuordnen sind. In dieser Darstellung sind unterschiedliche Vernetzungsmechanismen erfasst.

Chemische Vernetzung (Vulkanisation, Härtung)

Durch Atombindungen bleibt die chemische Vernetzung permanent in allen thermischen Zuständen in Abhängigkeit vom Vernetzungsgrad wirksam. Ein thermoplastischer Zustand ist nicht möglich. Die Existenz des Polymeren (Gummi, Duroplast) endet bei Temperaturerhöhung mit dessen Zersetzung.

Physikalische Vernetzung

Mit all ihren spezifischen Wirkprinzipien wird die physikalische Vernetzung oberhalb einer Schmelz- oder Fließtemperatur aufgehoben, wodurch thermoplastische Verarbeitung ermöglicht wird.

Die detaillierte Auswirkung dieser Strukturen auf das thermische und mechanische Verhalten von Kunststoffen ist Gegenstand des folgenden Abschnitt 5.3.

5.2.4 Polymermodifizierung durch Mischungen und Verbunde

Eine weitere stoffliche Modifizierung von Polymeren ist durch folgende Kombinationen möglich:

- Polymermischungen (Blends) einschließlich Recyclatmischungen,
- Polymer-Weichmacher-Mischungen,
- Polymere mit speziellen Additivzusätzen (z. B. Flammschutzmittel, Stabilisatoren),
- Mischwerkstoffe mit Füllstoff- und Verstärkungsstoffzusätzen (z. B. Composites),
- Mehrschichten- und Mehrkomponentenwerkstoffe.

5.3 Thermisch-mechanische Zustände von Polymeren

5.3.1 Verformungsarten bei mechanischer Beanspruchung

Die Reaktion der Polymere auf das Einwirken von thermischer Energie (Wärmeübertragung) und/oder mechanischer Energie (z. B. Zug- und Scherbelastung) auf die molekularen Bewegungszustände soll nachstehend mit entsprechenden Schlussfolgerungen für maßhaltigkeitsrelevante Eigenschaften behandelt werden.

Werden Polymere einer mechanischen Belastung ausgesetzt, so ist eine zeitabhängige Verformungszunahme bei vorgegebener Spannung (Kriechen, Retardation) bzw. ein zeitabhängiger Spannungsabbau nach erfolgter Verformung (Entspannung, Relaxation) zu beobachten. Dieses Verhalten, auch als Viskoelastizität bezeichnet, lässt sich auf die gleichzeitige Wirkung von drei qualitativ unterschiedlichen Deformationsmechanismen nach Tabelle 5.4 zurückführen.

Tabelle 5.4 Charakteristische Verformungsarten bei mechanischer Beanspruchung von Polymeren

Verformungsart	Molekulare Ursache	Zeitabhängigkeit der Verformung nach:		thermischer Zustand	mikrobrownsche Beweglichkeit	makrobrownsche Beweglichkeit
		Belastung	Entlastung			
energieelastisch (auch spontanelastisch)	Konfigurationsänderung ohne molekulare Platzwechsel	spontane Verformung	spontane Rückverformung (reversibel)	glasartig	minimal	minimal
entropieelastisch (auch gummielastisch)	mikrobrownsche Konformationsänderung	zeitverzögerte Verformung	zeitverzögerte Rückverformung (reversibel)	thermoelastisch	maximal	minimal
plastisch (auch viskos)	makrobrownsche Konformationsänderung	zeitverzögerte Verformung	bleibende Verformung (irreversibel)	thermoplastisch	maximal	maximal

5.3.2 Thermische Zustände und Übergangsbereiche

Für die Polymere (außer LCP) werden die thermischen Zustände und Übergangsbereiche in ihrer kontinuierlichen Folge bei Temperaturänderung in Bild 5.10 beschrieben.

Für niedermolekulare kristalline Stoffe sind die Aggregatzustände fest, flüssig und gasförmig eindeutig durch ihre Umwandlungstemperaturpunkte Schmelz- und Siedetemperatur abzugrenzen. Aus den bisherigen Strukturbetrachtungen ist ersichtlich, dass eine so einfache thermische Zustandsdefinition für makromolekulare Stoffe prinzipiell unmöglich ist.

Auf Grund der Molekülgröße und der begrenzten thermischen Stabilität der organischen Atombindung entfällt für alle Polymere ein gasähnlicher Zustand. Der Existenzbereich der Polymere endet mit der thermischen Zersetzung, deren zeitlicher Verlauf von Temperaturhöhe und Einwirkungszeit bestimmt wird.

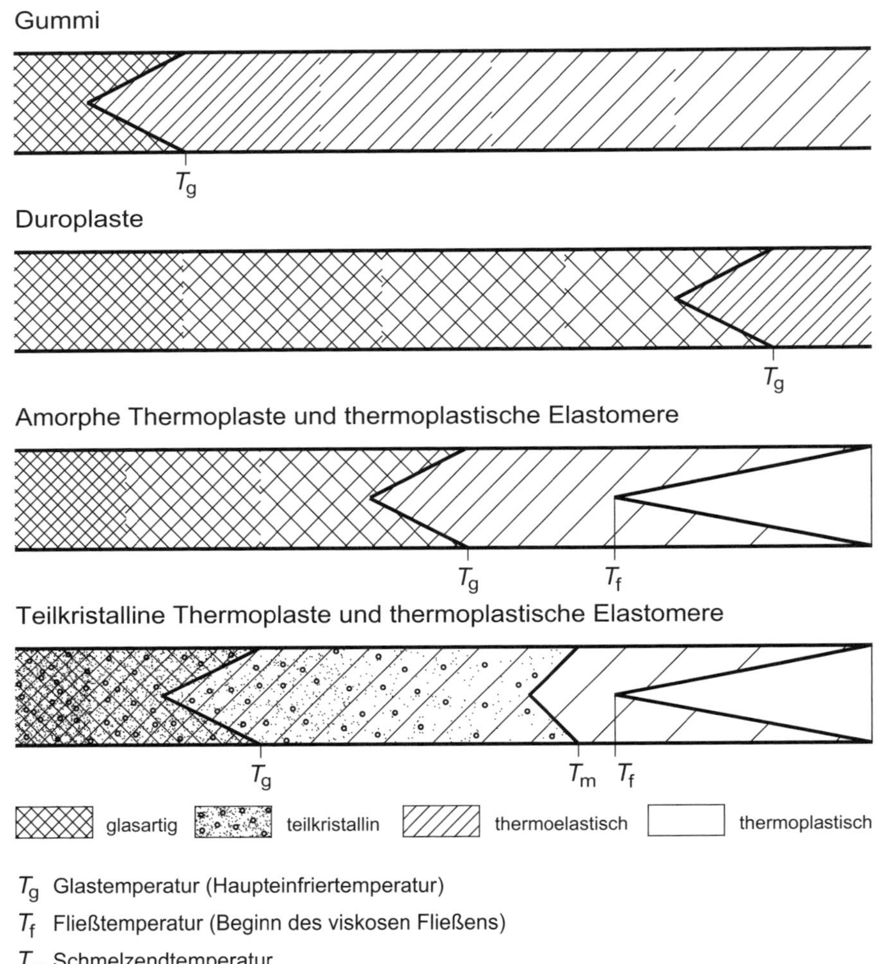

Bild 5.10 Thermische Zustände und Übergangsbereiche von Polymeren

Konformationsänderungen von Makromolekülen erfordern um mehrere Größenordnungen längere Zeiten als Molekularbewegungen niedermolekularer Stoffe. Fehlt diese Zeit bei molekularen Umordnungsprozessen, so entstehen die für Polymere typischen Nichtgleichgewichtszustände der Stoffstruktur, die sich infolge diverser anderer Störungen auch in einer inhomogenen Verteilung der Strukturphasen im Stoff äußern. Davon abhängig sind die mehr oder weniger breiten Übergangsbereiche (T_g, T_m). Zur physikalischen Bestimmung der Glas- und Schmelztemperaturbereiche dienen Messmethoden der Dynamisch-Mechanischen-Analyse (DMA) sowie thermoanalytische Methoden der Differenz-Thermo-Analyse (DTA) und der Dynamischen-Differenz-Kalometrie (DSC). Die Fließtemperatur T_f, auch als No-Flow-Temperatur definiert, ist ein konventioneller Viskositätsmesswert, der je nach Prüfverfahren und Anwendungszweck pragmatisch ausgewertet wird.

Gummi und Duroplaste

Es handelt sich um die thermorheologisch einfachsten Polymere. Auf Grund ihrer amorphen Struktur und ihrer chemischen Vernetzung sind nur der glasartige (sprödhartelastische) und der thermoelastische (gummielastische) Zustand möglich. Bei der Glastemperatur sind die ZMK der amorphen Phase aufgehoben, so dass ein Zustand großer Molekülbeweglichkeit erreicht ist (mikrobrownsche Bewegung). Gummi ist wegen der geringen Vernetzungsdichte in diesem Zustand hochgradig verformbar, wobei nach Entlastung die Molekülverknäuelung (Entropiezunahme) für die vollständige Rückverformung verantwortlich ist (Entropieelastizität). Härte und Verformbarkeit des Gummis sind vom Vernetzungsgrad abhängig. Hochvernetzter Hartgummi ist schon duroplastähnlich. Da große Verformbarkeit des Gummis bei üblichen Anwendungstemperaturen gefordert ist, muss die Glastemperatur deutlich unterhalb Raumtemperatur liegen. Die sehr engvernetzten (gehärteten) Duroplaste sind auch oberhalb der Glastemperatur hart und wenig verformbar, wobei dort u. U. schon die Zersetzung des Werkstoffs beginnt.

Die thermische Charakterisierung thermoplastisch verarbeitbarer Polymere erfolgt getrennt nach unterschiedlichen Gruppen.

Amorphe Thermoplaste mit Glastemperaturen über Raumtemperatur

Im Interesse einer ausreichenden Wärmeformbeständigkeit bei Anwendung dieser Kunststoffe liegt die Glastemperatur meist über 60 °C (z. B. PS, ABS, PC, PVC-U, PMMA).

Nach Aufhebung der zwischenmolekularen Kräfte (ZMK) bei T_g schließt sich der thermoelastische Zustand an, dessen Eigenschaften durch Entropieelastizität geprägt sind, d. h., die Polymere verhalten sich gummiähnlich. Die Beweglichkeit der Makromoleküle wird durch ihre Länge und infolge von Molekülverschlaufungen (engl.: entanglements) als temporäre „Vernetzungsstellen" eingeschränkt. Dadurch enthält jeder Thermoplast in diesem Zustand ein gewisses „Gummipotential". Je länger die Moleküle bzw. je größer die Molmasse, umso ausgeprägter ist die Gummielastizität. Noch ausreichende Steifigkeit kombiniert mit großer Verformbarkeit sind Voraussetzungen für die Anwendung der Streckformverfahren (z. B. Vakuum- und Blasverfahren).

Weitere Temperaturerhöhung ermöglicht zunehmend die makrobrownsche Molekülbeweglichkeit im Sinne eines thermoplastischen Zustands. Die Fließtemperatur ist dabei ein konventioneller Prüfwert zur Bewertung des Fließverhaltens. Polymerschmelzen sind auch bei höherer Temperatur keine echten Flüssigkeiten, da sie immer auch ein entropieelastisches (gummielastisches) Potential enthalten. Oberhalb einer bestimmten Molmasse ist ein thermoplastischer Zustand ohne Zersetzung nicht erreichbar, so dass keine Spritzgießverarbeitung möglich ist (z. B. Guss-PMMA).

Amorphe Thermoplaste mit Glastemperaturen unter Raumtemperatur

Hierzu gehören alle weichelastischen (elastomerähnlichen) Thermoplaste, wie thermoplastisch verarbeitbare (unvulkanisierte) Kautschuke (z. B. NR, NBR, EPDM) und ähnliche Polymere (z. B. PIB, PEC). Die Herabsetzung der Glastemperatur unter Raumtemperatur ist auch durch Weichmacherzusätze möglich (P-Typen). Ein bekanntes Beispiel ist Weich-PVC (PVC-P), welches früher an Stelle der heute üblichen thermoplastischen Elastomere vielseitige Anwendung fand.

Teilkristalline Thermoplaste

Diese Polymergruppe ist durch ein Gemisch aus amorphen und kristallinen Strukturphasen gekennzeichnet. Nach Überschreitung der Glastemperatur liegt eine thermoelastische (gummielastische) amorphe Phasenmatrix vor, in der harte Kristallstrukturen (z. B. Sphärolithe) eingebettet sind. Je nach Kristallisationsgrad ist die Steifigkeit bzw. Härte unterschiedlich ausgeprägt, aber immer mit relativ großer mechanischer Zähigkeit verbunden („hornartige" Eigenschaften). Die Lage der Glastemperatur im jeweiligen Anwendungstemperaturbereich der Formteile zusammen mit dem Kristallisationsgrad ist daher bestimmend für charakteristische Eigenschaften teilkristalliner Thermoplaste (Zähigkeit, Steifigkeit).

Die Relation zwischen Schmelztemperatur und Glastemperatur in Kelvineinheiten ist bei Polymeren konstant ($T_m/T_g \approx 1{,}5$), wobei der genaue Zahlenwert der Konstante je nach Polymerstrukturtyp etwas abweichen kann. Aus dieser Gesetzmäßigkeit ist abzuleiten, dass für teilkristalline Kunststoffe mit hoher Schmelztemperatur auch eine entsprechend hohe Glastemperatur zu erwarten ist.

Um relativ große Zähigkeit bei Raumtemperatur zu erreichen, müssen die Glastemperaturen entsprechend tief liegen (z. B. PE, PP, POM). Bekanntlich sind spritzfrische (trockene) PA6- oder PA66-Formteile relativ spröde. Ursache ist die Glastemperatur von ca. 50 °C oberhalb der Raumtemperatur. Erst durch Wasseraufnahme nach der Verarbeitung senkt der Weichmachungseffekt des Wassers die Glastemperatur unter Raumtemperatur. Dieser Effekt, ggf. in Verbindung mit einem geringen Kristallisationsgrad, ergibt für viele Polyamide (z. B. PA6, PA66, PA46, PA610, PA612, PA11, PA12) das gewünschte zähharte Verhalten der Formteile.

Teilkristalline Thermoplaste mit sehr großer Wärmeformbeständigkeit, wie z. B. Polyphenylenetherketone (PEK, PEEK, PEEKK u. a.) und Polyphenylensulfid (PPS) sind bei ihrer Anwendung wegen der hohen Schmelz- und Glastemperaturen sehr steife, aber vergleichsweise kerbempfindliche Werkstoffe. Daher und wegen ihrer hohen Preise werden solche Kunststoffe häufig oder ausschließlich als verstärkte oder gefüllte Formmassen angeboten. Die vorstehenden Aussagen gelten auch für hochwärmebeständige Polyamide (z. B. PPA, PAMXD6).

Gummiähnliche Eigenschaften werden bei teilkristallinen Thermoplasten durch einen sehr geringen Kristallisationsgrad und durch Glastemperaturen unter Raumtemperatur erreicht. Beispiele sind Polyethylene sehr geringer Dichte (PE-VLD) und PP-Typen mit großen amorphen Anteilen.

Nach der Schmelzendtemperatur T_m sind alle Kristallstrukturen aufgeschmolzen. Ab dieser Temperatur verhalten sich teilkristalline Thermoplaste qualitativ wie amorphe Thermoplaste. Der thermoelastische Zustand ist u. U. sehr unterschiedlich ausgeprägt. Bei PA6 und PA66 beginnt z. B. fast übergangslos das thermoplastische Fließen, so dass kein Streckformen möglich ist. Für teilkristalline Polymere mit großer Molmasse ist diese Technologie ohne weiteres anwendbar (z. B. PP).

Thermoplastische Elastomere (TPE)

Diese Polymergruppe entspricht in wesentlichen Eigenschaften dem Anwendungsbereich des Gummis, d. h. deren Glastemperatur liegt immer unter der Raumtemperatur.

Die Nomenklatur der thermoplastischen Elastomeren nach DIN EN ISO 18064 ist aus einer langjährigen pragmatischen Konfusion entstanden, die nicht immer einer stoffstrukturellen Logik folgt. Nachstehend sind daher einige Erläuterungen angebracht, die sich auf zwei strukturell deutlich unterscheidbare TPE-Gruppen beziehen.

Blends aus Elastomeren und Thermoplasten

Es handelt sich um Blends aus teilkristallinen und amorphen Thermoplasten als kohärente Phase (Matrix) mit unvernetzten bzw. teilvernetzten Elastomeren als feindisperse Phase, wobei die Matrix als „Netzwerkgerüst" wirkt. Verbesserung der Phasenkopplung durch Kompatibilisatoren (z. B. Pfropf-Copolymere) ist üblich. Zur Erzielung gummiähnlicher Eigenschaften dominieren in den Blends die Kautschuk- bzw. Elastomeranteile.

In DIN EN ISO 18064 werden Olefin-TPE (TPO) unterschieden, die in der Norm nur auf EPDM-PP-Blends (EPDM + PP) abzielen, wobei der EPDM-Kautschuk nicht oder nur gering vernetzt ist. Weiterhin werden dynamisch vulkanisierte TPE (TPV) als PP-Blends mit vulkanisierten Elastomeren, wie z. B. (NR + PP), (NBR + PP), (IIR + PP), aufgeführt. Alle vorstehend benannten PP-Blends verhalten sich wie teilkristalline Thermoplaste nach Bild 5.10. Oberhalb der Glastemperatur sind aber die gummiartigen Eigenschaften besonders ausgeprägt.

In der Norm nicht besonders klassifizierte TPE werden mit dem Kurzeichen TPZ erfasst. Hierzu sollen insbesondere Blends auf Basis amorpher Thermoplaste benannt werden, wie z. B. (NBR + PVC), (NBR + PVC-P). Diese Blends sind im Bild 5.10 mit den amorphen Thermoplasten erfasst.

Copolymere mit physikalischer Netzstruktur

Dies sind teilkristalline und amorphe Copolymere, deren Moleküle im glasartigen und thermoelastischen Zustand weitmaschig durch Vernetzungsstellen fixiert sind, deren Energieinhalt deutlich geringer als der von chemischen Atombindungen ist. Damit wird oberhalb der Schmelztemperatur bzw. Fließtemperatur eine thermoplastische Verarbeitung möglich. Nach Abkühlung werden die physikalische Vernetzungsstruktur und damit die Elastomereigenschaften zurückgebildet. In Tabelle 5.5 sind die verschiedenen Arten dieser physikalischen Vernetzungen in Kurzform beschrieben.

Tabelle 5.5 Einteilung von thermoplastischen Elastomeren nach Art der physikalischen Vernetzungsstruktur

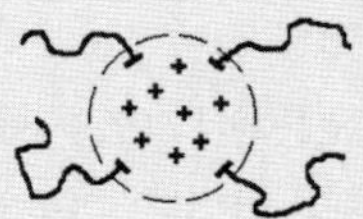	Copolymere ($T_g < T_R$) mit partiellen Ionenbindungen, die als aggregierte Ionencluster wie Vernetzungsstellen wirken (Ionomere).
	Amorphe Teleblockcopolymere (Triblockpolymere) mit langkettigem Weichsegmentmittelblock ($T_g < T_R$) und endständigen Hartsegmentblöcken ($T_g > T_R$), die sich wegen Unverträglichkeit zur Domänenstruktur entmischen und in der die Hartdomänen als Vernetzungsstellen wirken. TPS: z. B. SBS, SEBS, SEPS, SIS
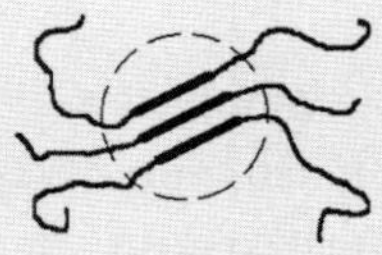	Teilkristalline Segmentcopolymere aus langkettigen Weichsegmentblöcken ($T_g < T_R$) sowie aus Hartsegmentblöcken mit Kristallisationsneigung, die sich zur Domänenstruktur entmischen und in der teilkristalline Hartdomänen als Vernetzungsstellen wirken. z. B. TPU, TPA, TPC

T_g = Glastemperatur
T_R = Raumtemperatur (23 °C)

Mit Ausnahme der Ionomere sind diese thermoplastischen Elastomere auch in der DIN EN ISO 18064 angegeben. Nach Ansicht des Verfassers gehören die Ionomere als Grenzfall in diese Gruppe.

Im Vergleich mit chemisch vernetztem Kautschuk als echtem Gummi sind alle thermoplastischen Elastomere bei extremer mechanischer Beanspruchung unterlegen. Die physikalische Netzstruktur bzw. die Blendstruktur kann bei dynamischer und langzeitiger Belastung unzulässige plastische Verformungen nicht vermeiden.

5.4 Deformations- und Fließverhalten von Polymeren

5.4.1 Verarbeitungstechnologische Aspekte

Die Begrenzung des Geltungsbereiches der DIN 16742 auf Urformverfahren mit geschlossenen Werkzeugen (Spritzgießen, Pressen, Rotationsformen) ist Anlass zur Erklärung einiger besonders wichtiger Einflüsse auf die Fertigungsgenauigkeit der Kunststoffverarbeitungsverfahren. Generell steigt die Fertigungsgenauigkeit in der Reihenfolge der nachstehenden Verfahrenshauptgruppen:

Umformverfahren → Urformverfahren → Spanen.

Für die Urform- und Umformverfahren gelten weiterhin die Einflussfaktoren nach Tabelle 5.6.

Tabelle 5.6 Einflüsse auf die Fertigungsgenauigkeit der Urform- und Umformverfahren

Geringe Fertigungsgenauigkeit	Große Fertigungsgenauigkeit
Partielle Umschließung der Teileoberfläche durch die Werkzeugkonturfläche (teiloffene Werkzeuge)	Allseitige Umschließung der Teileoberfläche durch die Werkzeugkonturfläche (geschlossene Werkzeuge)
Flexible Werkzeugkonturen (z. B. Gummistempel, Gasüberdruckatmosphäre)	Starre Werkzeugkonturen (z. B. Stahlwerkzeuge)
Nicht werkzeuggebundene Maße	Werkzeuggebundene Maße
Geringer Formgebungsdruck/Nachdruck	Großer Formgebungsdruck/Nachdruck

In den nächsten Abschnitten werden Eigenschaften der Kunststoffe behandelt, die für das Zusammenwirken von Verfahrensparametern mit der Formteil- und Werkzeuggeometrie maßbestimmend sind.

5.4.2 Steifigkeit und *p-v-T*-Verhalten

Die Steifigkeit bzw. die Härte der Kunststoffe beeinflussen maßgeblich die Fertigungsgenauigkeit beim Spritzgießen und Pressen, in dem weichere Formstoffe nach dem Entformen größere Rückverformungen (Relaxation) ergeben, sowie die Verarbeitungsschwindung und die Schwindungsschwankungen größer sind. Die Einstufung nach Steifigkeit und Härte ist in DIN 16742 ein wichtiges Kriterium zur Auswahl der entsprechenden Toleranzgruppe (Genauigkeitsgruppe). Für Montagevorgänge sowie im Zusammenhang mit der Teilepositionierung bei Maßprüfungen ist die Formstoffsteifigkeit zur Einstufung nicht formstabiler Teile erforderlich. In der Tabelle 5.7 ist daher eine Übersicht zum Steifigkeits- bzw. Härteniveau von Polymeren angegeben.

Tabelle 5.7 Steifigkeits- bzw. Härteniveau von Polymeren ohne Feststoffzusätze

Härtegrad	E in N/mm^2	Shorehärte	IRHD	Polymere
hart	> 5000 bis 20 000	-	-	LCP (selbstverstärkende Molekülanisotropie)
	> 1200 bis 5000	> 75 D	-	Zähharte bis sprödharte Thermoplaste, Duroplaste, Hartgummi
halbhart	> 300 bis 1200	> 60 bis 75 D	-	Elastomerähnliche (weichelastische) Thermoplaste, thermoplastische Elastomere und Gummi mit unterschiedlichen Härtegradabstufungen
	> 30 bis 300	> 35 bis 60 D	-	
weich	3 bis 30	50 bis 90 A	50 bis 90	
sehr weich	< 3	< 50 A	< 50	

- E: Urprungs-E-Modul aus der Kurzzeitzugprüfung nach DIN EN ISO 527
- Shorehärte: Eindringhärte nach DIN EN ISO 868 (Verfahren A und D)
- IRHD: Internationaler Gummihärtegrad (Kugeldruckhärte) nach DIN EN ISO 48
- Alle Prüfungen werden bei 23 °C und mit normalkonditionierten Prüfkörpern durchgeführt.
- Stahl zum Vergleich: E = 200 000 N/mm^2
- Gefüllte bzw. verstärkte Polymere können mit ihrem E-Modul zugeordnet werden.

Die parallele Zuordnung von E-Modul, Shorehärte und IRHD-Härte ist als Näherung zulässig. Entsprechende Werkstoffdaten sind in den Datenblättern der Formmassehersteller enthalten. Desgleichen in Datenbanken (z. B. CAMPUS).

Für die Kunststoffanwendung ist u. U. aus Sicht der Maßhaltigkeit die Wärmedehnung bzw. -kontraktion entscheidend. Daher sollte die physikalische Gesetzmäßigkeit beachtet werden, dass größere Weichheit immer eine größere Wärmedehnung zur Folge hat. Die Spannweite dieser Abhängigkeit für Polymere soll mit einem Zahlenvergleich demonstriert werden:

E-Modul: 5000 N/mm^2 → 50 N/mm^2

Wärmedehnzahl: $5 \cdot 10^{-5}$ K^{-1} → $25 \cdot 10^{-5}$ K^{-1}

Beim Spritzgießen von Thermoplasten wird die Volumenschrumpfung bei Abkühlung der Schmelze im Werkzeug durch Nachdruck kompensiert. Für diese Vorgänge ist eine quantitative Beschreibung des Schwindungsverhaltens, z. B. durch Simulationssoftware für Füllbild- und Verzugsanalyse, erforderlich. Dafür muss der thermodynamische Zusammenhang zwischen Druck (p), spezifischem Volumen (v) und Temperatur (T) im Festzustand und in der Schmelze der Kunststoffe bekannt sein. Durch Prüfung nach ISO 17744 werden Phasendiagramme als sogenannte p-v-T-Diagramme ermittelt. Beispiele für amorphe und teilkristalline Thermoplaste sind in Bild 5.11 als schematische Darstellung angegeben.

Die Volumenschwindung S_V, als Grundlage der linearen Verarbeitungsschwindung, ist für die Werkzeugkonturdimensionierung erforderlich. Wie erkennbar, besteht durch die Komprimierbarkeit der Polymerschmelze eine effektive Möglichkeit zur Beeinflussung der Schwindung. Mit variablem Nachdruck kann der Formteilhersteller die Schwindung in gewünschtem Sinn beeinflussen. Für teilkristalline Thermoplaste ist bei schneller Abkühlung die Unterkühlbarkeit der Schmelze zu beachten, d. h., die Erstarrungstemperatur T_e liegt meist deutlich unter der Schmelztemperatur T_m. Temperaturdifferenzen bis 40 K sind bei einigen Kunststoffen möglich (z. B. PP, POM). Solche Unterschiede sind durchaus bei der Festlegung der Kühlzeiten von Einfluss.

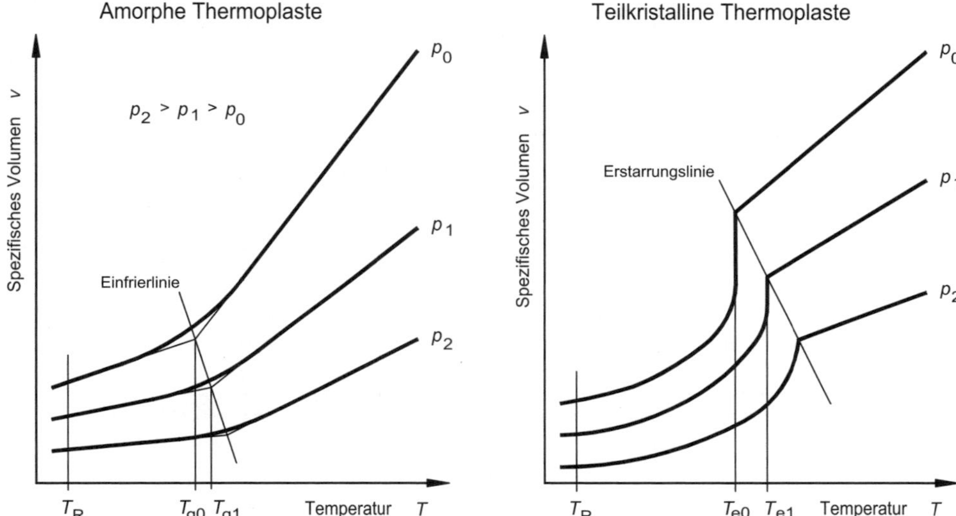

Bild 5.11 *p-v-T*-Diagramme für Thermoplaste (TR: Raumtemperatur (23 °C), TE: Entformungstemperatur, T_g: Glastemperatur, T_c: Erstarrungstemperatur, S_v: Volumenschwindung, p: hydrostatischer Druck)

5.4.3 Fließverhalten von Polymerschmelzen

Der differentielle Elementarvorgang des laminaren (schichtenförmigen) Fließens nach Bild 5.12 kann durch die Bewegung zweier sich im Abstand dx befindlichen Flüssigkeitsschichten mit der Geschwindigkeitsdifferenz dv dargestellt werden. Nach anfänglicher Beschleunigung durch äußere Kräfte (z. B. Druck) erreichen die beiden Schichten infolge innerer Reibungskräfte die stationäre Geschwindigkeitsdifferenz dv, wobei an den Schichtgrenzen die Schubspannungen τ wirksam werden.

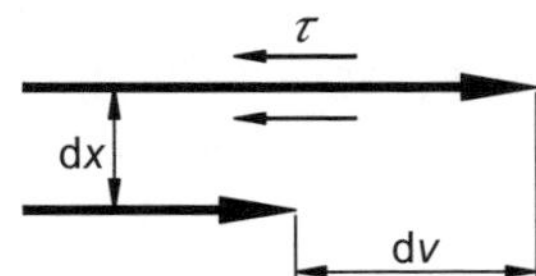

Schergeschwindigkeit: $\dot{\gamma} = \frac{dv}{dx}$

Viskosität: $\eta = \frac{\tau}{\dot{\gamma}}$

Bild 5.12 Rheologischer Elementarvorgang

Damit können dann die rheologischen Basisgrößen Schergeschwindigkeit und Viskosität definiert werden. Unter Berücksichtigung der geometrischen Rand- und Anfangsbedingungen sowie der aktuellen Viskosität können damit beliebige Strömungssituationen mathematisch abgeleitet und simuliert werden. Die computergestützte Füllbildsimulation ist so ein Anwendungsfall.

Am Beispiel einer geometrisch einfachen Scherströmung sollen rheologische Bestimmungsgrößen nach Bild 5.13 für normale (newtonsche) und strukturviskose (nichtnewtonsche) Flüssigkeiten demonstriert werden. Dabei wird vorausgesetzt, dass die Schmelzeanfangstemperatur T_A mit der Kanalwandtemperatur T_W immer übereinstimmt (z. B. durch Beheizung). Diese Bedingungen sind z. B. bei Viskosimeterströmungen und bei Extruderdüsen für die Profilextrusion näherungsweise erfüllt. Polymerschmelzen sind strukturviskos, d. h. in Vergleich zu normalen Flüssigkeiten (z. B. Wasser, Öl) mit einem mehr oder weniger ausgeprägten Pfropfenströmungsprofil und mit überproportional großen Schergeschwindigkeiten in Kanalwandnähe.

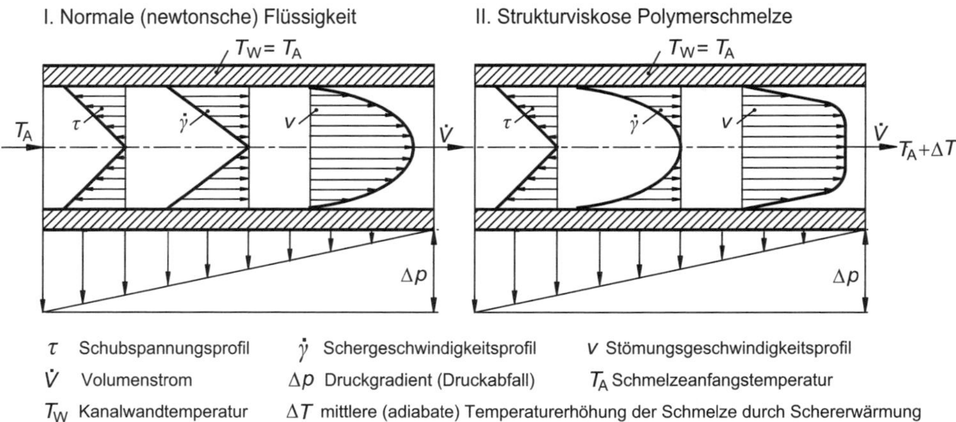

Bild 5.13 Rheologische Bestimmungsgrößen für Scherströmungen

Die mittlere Temperaturerhöhung durch Scherfließen beträgt bei Polymerschmelzen etwa $\Delta T \approx 3$ K pro $\Delta p = 100$ bar. Lokale Temperaturen in Kanalwandnähe betragen ein Mehrfaches dieses Mittelwertes.

Markanteste Merkmale des strukturviskosen Fließens sind die Abnahme der aktuellen Viskosität mit zunehmender Schergeschwindigkeit und die in der Schmelze wirksame Entropieelastizität als Ursache der Rückverformung (Verknäuelung) der durch die Fließvorgänge verstreckten (orientierten) Makromoleküle. Diese und andere Fließcharakteristika sind in Bild 5.14 als Übersicht dargestellt.

Die extreme Viskositätsabnahme bei großer Schergeschwindigkeit ist mit der Ausrichtung (Orientierung) der Makromoleküle im Sinne ihres geringsten Fließwiderstandes gekoppelt. Dieser Zusammenhang ist in logarithmischer Darstellung schematisch mit Bild 5.15 erfasst.

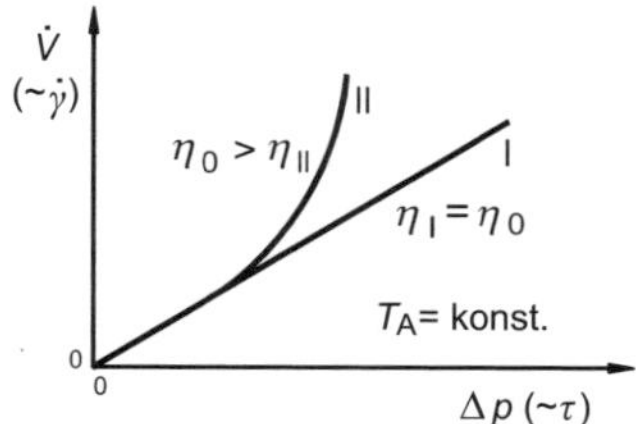

Merkmal	I. Newtonsches Fließen	II. Strukturviskoses Fließen
Molmasse	niedermolekular bzw. oligomer	makromolekular
Viskosität	meist gering	meist sehr groß
Gummielastizität (Entropieelastizität)	nicht vorhanden	extrem ausgeprägt durch Relaxation der Molekülorientierung
Einfluss von τ bzw. $\dot{\gamma}$ auf die Viskosität	kein Einfluss ($\eta = \eta_0$)	erhebliche Verringerung der Viskosität durch Reduzierung des Fließwiderstands infolge Molekülverstreckung
Molekülanisotropie durch Scher- u. Dehnströmung	ohne Bedeutung	u. U. extrem ausgeprägt

Bild 5.14 Fließcharakteristika im Vergleich

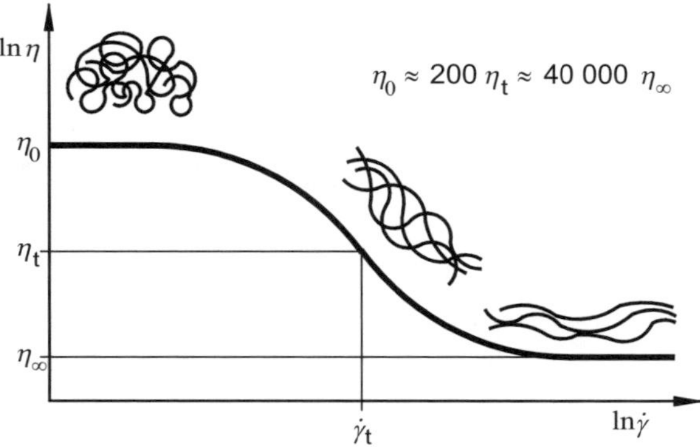

Bild 5.15 Komplettes Viskositäts-Schergeschwindigkeitsdiagramm für Polymerschmelzen

Es sei vermerkt, dass eine solche prüftechnische Aufgabe über ca. fünf Größenordnungen der Schergeschwindigkeit unterschiedliche Viskositätsmessverfahren erfordert, insbesondere zur Sicherstellung isothermer Prüfbedingungen.

Der gesamte Viskositätsbereich der Polymerschmelzen besteht aus einem newtonschen Anfangsbereich mit der Nullviskosität η_0 und einem weiteren newtonschen Bereich mit der Unendlichviskosität η_∞ bei extrem großen Schergeschwindigkeiten mit völlig verstreckten Molekülen. Im Zwischenbereich, geteilt von der Wendepunktviskosität η_t, ist die typische Strukturviskosität angesiedelt. Technische Fließprozesse, wie z. B. beim Spritzgießen, Extrudieren und Walzen sind nur bis in den Bereich der Wendepunktviskosität durchführbar, da bereits vor η_t Haft-Gleit-Effekte an der Kanalwand zu rauen bzw. zerklüfteten Schmelzenoberflächen (Schmelzenbruch) führen. Solche Erscheinungen werden auch als elastische Turbulenz bezeichnet.

Die in Bild 5.15 angegebenen Zahlenverhältnisse zwischen den verschiedenen Grenzviskositäten als Näherung für alle Polymere deuten darauf hin, dass die Reduktion auf eine universelle (stoffinvariante) Viskositätsbeziehung für alle Polymere möglich ist. Der Verfasser hat daher bereits 1973 ein entsprechendes rheologisches Stoffgesetz vorgeschlagen [11].

5.4.4 Quellströmung beim Spritzgießen

Beim Füllen der Formkonturen von Spritzgießwerkzeugen mit Thermoplastschmelzen sind die Strömungsverhältnisse deutlich von denen nach Bild 5.13 verschieden, da sofort an der Kontur eine erstarrte Randschicht entsteht, die als Wärmeisolationsschicht (Wärmeleitzahlverhältnis Kunststoff zu Stahl etwa 1 zu 100) die Schmelzeströmung im Formteilkern (plastische Seele) thermisch abschirmt. Die volumetrische Werkzeugfüllung erfolgt vom Anschnitt her durch eine laminare Quellströmung (Quellfluss) mit kugelschaliger Fließfrontausbreitung. In Bild 5.16 ist dieser Vorgang mit seinen grundlegenden physikalischen Effekten beschrieben.

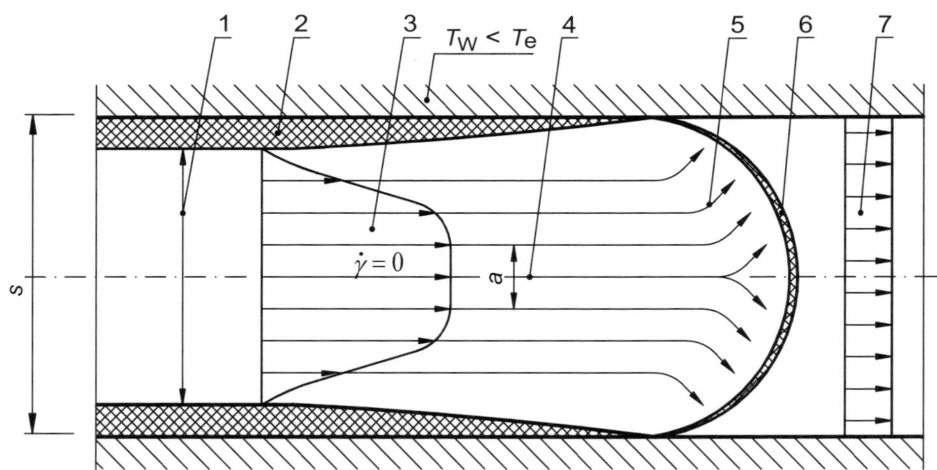

1 Plastische Seele
2 Erstarrte Schichten ($v = 0$)
3 Geschwindigkeitsprofil der Schmelze
4 Im Bereich a ist $\dot{\gamma} = 0$
5 Bewegung der durch die „Fließfrontschicht" abgebremsten Schmelzeelemente
6 Erstarrte Trennschicht Luft/Schmelze (Fließfront)
7 Geschwindigkeitsprofil der Trennfläche Luft/Schmelze

Bild 5.16 Scherströmung mit Randschichterstarrung (in Anlehnung an [12])

Beim Spritzgießen wird also nicht gespritzt. Ursachen der Quellströmung sind die geringe Strömungsgeschwindigkeit infolge der großen Viskosität der Polymerschmelzen und die „Bremswirkung“ der entropieelastischen Rückverformung der durch den Fließvorgang verstreckten Makromoleküle. Der Spritzdruck liegt üblicherweise im Bereich bis maximal 2000 bar. Ohne den vikositätsabsenkenden Effekt der Strukturviskosität wäre der erforderliche Spritzdruck um eine Größenordnung höher.

Bei großen Unterschieden zwischen Anschnittquerschnitt und anschnittnahem Konturquerschnitt ist unter Umständen mit „Freistrahlbildung“ zu rechnen. Dabei handelt es sich um ein kurzzeitiges Vorlaufen eines Schmelzestranges, der von nachlaufender Schmelze sofort eingeschlossen wird und dadurch eine erhebliche Qualitätseinbuße in visueller Hinsicht bewirken kann. Entscheidende Abhilfe ist die Anschnittpositionierung derart, dass die eintretende Schmelze sofort auf einen Fließwiderstand trifft. Das mickrige Spritzen eines Freistrahls wird nun noch mit allen Mitteln beim Spritzgießen verhindert – soweit zum Begriff Spritzgießen.

In Fachliteratur und Praxis halten sich noch nach Jahrzehnten einige „Strömungslegenden“ im Zusammenhang mit Polymerschmelzen. In Bild 5.17 sind davon zwei aufgeführt.

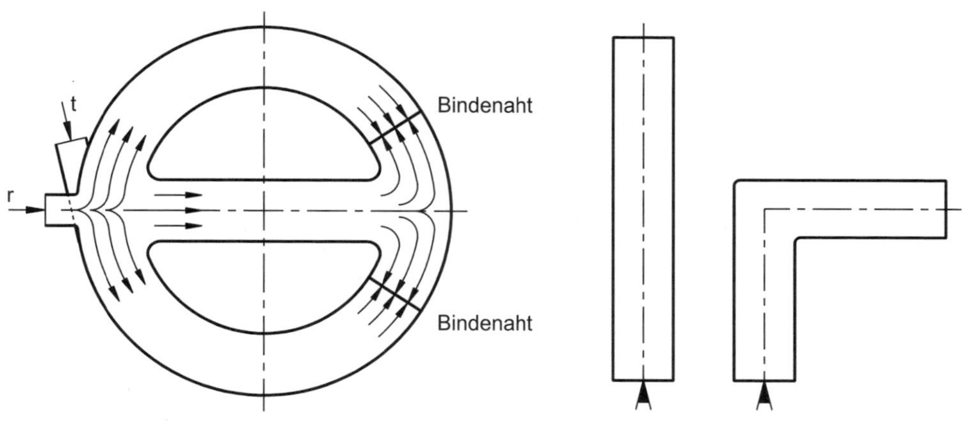

Bild 5.17 Quellströmung ist die Ursache

Eine weitere „Strömungslegende“ empfiehlt zur Vergrößerung des Fließweges die Erhöhung der Werkzeugkonturtemperatur, wobei wegen der thermisch isolierenden Randschicht kein nennenswerter Effekt erzielt wird. Lediglich die Kühlzeit wird dadurch deutlich erhöht.

Am Beispiel des Spritzgießens einer Viertelkreisscheibe ist die Überlagerung von radialer Scherströmung $\dot{\gamma}$ (Bild 5.15) mit einer Dehnströmung $\dot{\varepsilon}$ infolge tangentialer Fließfrontausbreitung dargestellt (Bild 5.18).

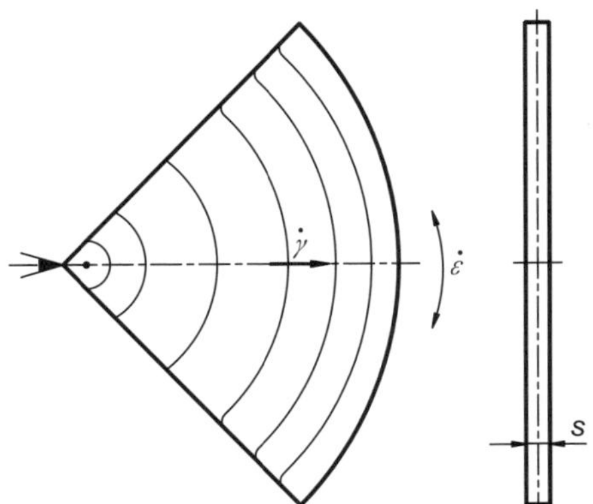

Bild 5.18 Überlagerung von Scher- und Dehnströmung beim Spritzgießen

Solche Strömungsüberlagerungen sind bei den meist flächigen bzw. schalenförmigen Formteilen die Regel. Die Auswirkung auf die Querschnittanisotropie von Spritzgießformteilen aus glasfaserverstärkten Formmassen ist in Bild 5.19 dargestellt.

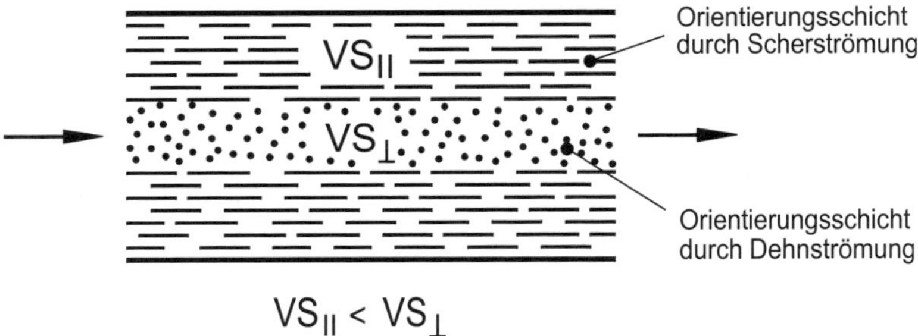

Bild 5.19 Querschnittanisotropie glasfaserverstärkter Spritzgießteile

Die besondere Dehnungsorientierung der Glasfasern in Querschnittmitte wird wegen der dort fehlenden Scherwirkung (Abstand a mit $\dot{\gamma} = 0$ nach Bild 5.15) verursacht. Zwischen den Orientierungszonen, die unterschiedlich dick sein können, gibt es Übergangsschichten von geringerer Bedeutung. Die Unterschiede der Verarbeitungsschwindung würden bei asymmetrischer Verteilung, z. B. durch unterschiedliche Werkzeugkonturtemperaturen, ein erhebliches Verzugspotential bewirken.

5.5 Schwindungsverhalten von Kunststoff-Formteilen

5.5.1 Gegenstand und Definitionen zur Verarbeitungsschwindung

Die nach dem Entformen aus Verarbeitungswerkzeugen ablaufende Schwindung (Schrumpfung) der Kunststoffe bis zum Erreichen der Raumbezugstemperatur wird als Verarbeitungsschwindung (VS) bezeichnet. Als Nachschwindung (NS) wird der Schwindungsanteil benannt, der sich abhängig von den konkreten Anwendungsbedingungen nach der Formteilherstellung einstellt. Gegenstand dieses Abschnitts ist ausschließlich die **Verarbeitungsschwindung (VS).** In Tabelle 5.8 sind die Definitionsgleichungen der VS und der davon abgeleiteten Schwindungskenngrößen angegeben, wie sie auch in DIN 16742 verwendet werden.

Tabelle 5.8 Definitionsgleichungen

Gleichungen	Erläuterungen	
$VS = \left(1 - \frac{L_F}{L_W}\right) \cdot 100[\%]$	VS	Verarbeitungsschwindung
	L_F	Formteilmaß
	L_W	Werkzeugkonturmaß
$\Delta VS = \lvert VS_{\perp} - VS_{\parallel} \rvert$	ΔVS	Absolutwert der VS-Differenz infolge Schwindungsanisotropie
	$VS_{\perp}$	*VS* quer zur Schmelzfließrichtung
	$VS_{\parallel}$	VS parallel zur Schmelzfließrichtung
$\Delta S = \Delta S_{max} - \Delta S_{min}$	ΔS	Streubereich (Schwindungsschwankung) der VS
	VS_{max}, VS_{min}	Extremwerte der VS durch die jeweiligen Einflussbedingungen
$VS_R = 0{,}5\,(VS_{max} + VS_{min})$	VS_R	Rechenwert der VS, Mittelwert aus VS_{max} und VS_{min}

Die VS ist die relative Differenz zwischen Werkzeugkonturmaß L_W bei 23 °C ± 2 K und den entsprechenden Formteilmaßen L_F 16 h bis 24 h nach der Fertigung, gelagert bis zur Messung und gemessen bei 23 °C ± 2 K und 50 % ± 10 % Luftfeuchte.

Die VS für Thermoplaste und thermoplastische Elastomere wird nach DIN EN ISO 294-4 und für Duroplaste nach ISO 2577 an Normprüfkörpern (z. B. Prüfplatten) bestimmt. Mit diesen Prüfkörpern werden die geometrische Vielfalt der Kunststoff-Formteile und deren Einflüsse auf die VS, z. B. durch Schwindungsbehinderung, nicht annähernd erfasst. Richtwerte nach diesen Normen werden üblicherweise vom Formmassehersteller angegeben.

Schwindungsanisotropie entsteht durch richtungsabhängige Schwindungsunterschiede, die lokal begrenzt oder weiterreichend am Formteil wirksam werden. Physikalische Hauptursachen sind:

- **Schwindungsbehinderung** infolge unterschiedlicher thermischer Kontraktion durch erstarrte Randschichten, Materialanhäufungen und örtlich unterschiedlicher Werkzeugkonturtemperaturen sowie durch den Einfluss der Formteilgestalt.
- **Schwindungsunterschiede** durch anisotrope Verstärkungsstoffe (z. B. Gewebe, Gewirke, Rovings).
- **Orientierung** von Füll- und Verstärkungsstoffen, Molekülen und morphologischen Strukturen durch Fließvorgänge infolge Scher- und Dehnströmungen. Insbesondere Partikelgestalt und Längen/Breiten – Dicken-Verhältnis der Füll- und Verstärkungsstoffe beeinflussen die Anisotropieausprägung.
- **Inhomogenitäten** durch lokale Entmischung von Polymerschmelze und grobstrukturierten Füll- und Verstärkungsstoffen (Schnitzel, Stränge, Bänder) infolge Fließwegverengungen und -umlenkungen.

5.5.2 Beeinflussung der Verarbeitungsschwindung beim Thermoplastspritzgießen

Auf Grund unvermeidlicher und unterschiedlicher Schwindungsbehinderungen bei der Formgebung in geschlossenen Werkzeugen ist die Aufteilung der Volumenschwindung in drei lineare Schwindungen ungleichgewichtig, da immer mit größerer Wanddickenschwindung zu rechnen ist. Dies ist bereits bei plattenförmigen Teilen der Fall (Bild 5.20).

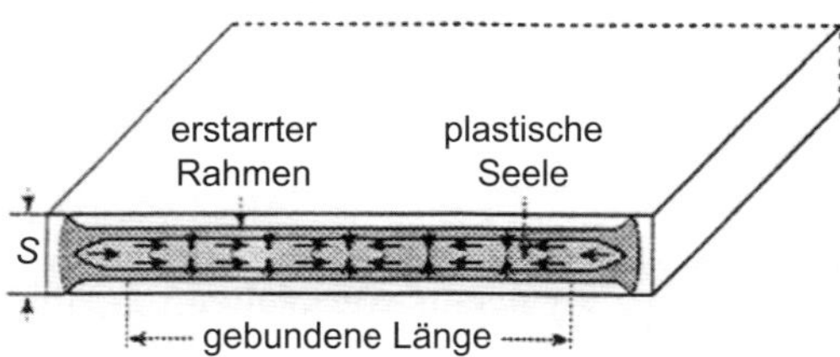

Bild 5.20 Volumenschwindung einer Platte (in Anlehnung an [13])

Die Besonderheiten der Wanddickenschwindung sind dafür maßgebend, dass Toleranzen für Wanddickenmaße in DIN 16742 grundsätzlich vereinbarungspflichtig sind. Ein Erklärungsansatz für die Wanddickenschwindung wird im Zusammenhang mit der Quellung gegeben (Abschnitt 5.8.4 „Quellung“).

Der Verarbeitungseinfluss auf die VS ist wesentlich durch das *p-v-T*-Verhalten (Bild 5.11) in Verbindung mit den thermischen Zustandsänderungen (Bild 5.10) bestimmt. Die Differenzierung dieser Einflüsse erfolgt nachstehend durch Tendenzdiagramme und deren Interpretation.

Nachdruckwirkung

Der Nachdruck ist der wichtigste Verarbeitungsparameter zur Beeinflussung der VS beim Thermoplastspritzgießen. Die Tendenzen der Nachdruckwirkung auf die VS sind in Bild 5.21 dargestellt.

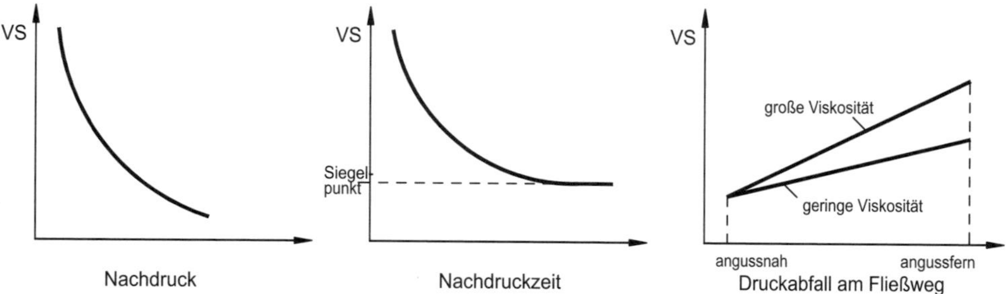

Bild 5.21 Nachdruckwirkung auf die Verarbeitungsschwindung (VS)

Das Wirkprinzip besteht in der Nachförderung von Schmelze zum Schwindungsausgleich einschließlich Schmelzekomprimierung bis zum Siegelpunkt. Ein vorzeitiges Versiegeln der Anguss- und Anschnittquerschnitte bzw. dünnwandiger Formteilpartien im Fließpfad der Schmelze verhindern den Schwindungsausgleich, wodurch große und unkontrollierbare Maßabweichungen entstehen. Dies ist durch ausreichend dimensionierte Anguss- und Anschnittquerschnitte sowie durch Anschnittlage am größten Formteilquerschnitt vermeidbar.

Vom Anschnitt (angussnah) bis zum Fließwegende (angussfern) entsteht ein Druckabfall, der einen Anstieg der VS bewirkt. Der Anstieg hängt daher von der Viskosität der Schmelze ab. Höhere Massetemperatur und größere Fließfähigkeit der Formmasse reduzieren diesbezügliche Schwindungsunterschiede.

Abkühlwirkung

Mit der Variation der Abkühlungsbedingungen ist die VS merklich zu beeinflussen. Entsprechende Möglichkeiten sind in Bild 5.22 angegeben.

Die Abkühlung erzeugt die Schwindung durch Dichtezunahme, die bei amorphen Thermoplasten relativ gering ist. Bei teilkristallinen Thermoplasten ist diese Wirkung wegen der Beeinflussung des Kristallisationsgrades erheblich stärker ausgeprägt. Es gilt näherungsweise VS + NS = konstant. Anorganisch hochgefüllte bzw. verstärkte Thermoplaste verhalten sich wegen der reduzierten Wärmedehnung wie amorphe Polymere.

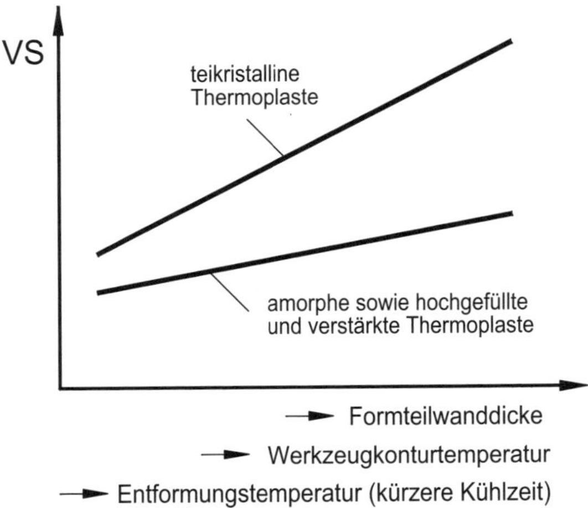

Bild 5.22 Abkühlwirkung auf die Verarbeitungsschwindung (VS)

Füll- und Verstärkungsstoffe

Der Einfluss der Füll- und Verstärkungsstoffe nach Art und Menge auf das Schwindungsverhalten der Kunststoffe ist beträchtlich. Für die Eigenschaften Formstoffsteifigkeit, VS und Schwindungsanisotropie sind solche Einflüsse in den Tabelle 5.9 und Tabelle 5.10 zusammengestellt.

Tabelle 5.9 Einfluss der Füll- und Verstärkungsstoffe auf Formstoffsteifigkeit und Verarbeitungsschwindung

Eigenschaften	Beispiele
Geringe Wärmedehnzahl reduziert erheblich VS und der große E-Modul erhöht sehr stark die Formteilsteifigkeit.	Glas, Minerale, anorganische Oxide, Metalle, Carbonfasern, Graphit
Wärmedehnzahl und E-Modul liegen annähernd auf Niveau der Polymere, sodass VS und Formteilsteifigkeit relativ wenig beeinflusst werden.	Pflanzenprodukte (z. B. Stärke, Holzmehl, Cellulose), Chemiefaserprodukte

Tabelle 5.10 Einfluss der Füll- und Verstärkungsstoffe auf die Schwindungsanisotropie durch Partikelgestalt und aspect ratio (a. r.)

Partikelgestalt	a. r. (Größenordnung)	Anisotropieausprägung
körnig	1 bis 10 Kugel: a. r. = 1	meist gering
flächig	ab 10	u. U. erheblich
faserförmig	Kurzfaser: ab 10 Langfaser: ab 1000 Endlosfaser: ∞	groß bis extrem

a. r.: Längen/Durchmesser (Dicken)-Verhältnis

Nach Übernahme aus [3], [5] und [6] sind in Tabelle 5.11 wesentliche Ursachen und Einflussfaktoren auf die VS nicht poröser Kunststoffe, einschließlich Duroplaste, zusammengefasst. Eine entsprechende informative Anlage ist auch in DIN 16742/ISO 20457 enthalten.

Tabelle 5.11 Ursachen und Einflussfaktoren auf die Verarbeitungsschwindung (VS) nicht poröser Kunststoffe

Ursachen	Einfluss auf die Verarbeitungsschwindung	
	verringernd	**erhöhend**
Dichtezunahme infolge thermischer Kontraktion durch Abkühlung von Entformungstemperatur auf Raumtemperatur und der Verdichtung durch Druckeinwirkung	▪ hoher wirksamer Druck auf Formmasse und Kontur bis zum Entformen (Nachdruck) ▪ geringe Entformungstemperatur (lange Kühlzeit u./o. geringe Konturtemperatur) ▪ geringer Wärmeausdehnungskoeffizient (hartelastische Polymere)	▪ geringer bzw. vorzeitig zurückgenommener Nachdruck bis zum Entformen ▪ hohe Entformungstemperatur (kurze Kühlzeit u./o. hohe Konturtemperatur) ▪ großer Wärmeausdehnungskoeffizient (weich- bzw. gummielastische Polymere)
Dichtezunahme infolge thermodynamisch bedingter Strukturordnungsprozesse (Kristallisation, Gelierung)	▪ amorphe Polymere ▪ geringer Kristallinitätsgrad teilkristalliner Polymere durch schnelles Erstarren (Unterkühlung infolge geringer Konturtemperatur u./o. dünnwandiger Teile) ▪ hoher Geliergrad weichmacherhaltiger Polymere	▪ teilkristalline Polymere ▪ hoher Kristallinitätsgrad durch langsames Erstarren (hohe Konturtemperatur u./o. dickwandige Teile) sowie durch verbesserte Keimbildung (Nukleierungszusätze) ▪ geringer Geliergrad weichmacherhaltiger Polymere
Dichtezunahme infolge molekularer Aufbau- und Vernetzungsprozesse (Härtung, Vulkanisation, Polyreaktion)	▪ hoher Vernetzungsgrad und dadurch geringerer Wärmeausdehnungskoeffizient (lange Härte- bzw. Vulkanisationszeit u./o. hohe Massetemperatur) ▪ stofflich weitgehend vorgebildete bzw. vorvernetzte Formmassen (Prepolymere)	▪ geringer Vernetzungsgrad und dadurch höherer Wärmeausdehnungskoeffizient (kurze Härte- bzw. Vulkanisationszeit u./o. geringe Massetemperatur) ▪ unvernetzte Vorprodukte (Oligomere) bzw. Monomere als Formmassen
Steifigkeits- bzw. Härteveränderung durch Zusatzstoffe (z. B. Füll- und Verstärkungsstoffe, Weichmacher)	▪ Zusatzstoffe mit geringem Wärmeausdehnungskoeffizient (z. B. anorganische Füll- u. Verstärkungsstoffe) ▪ keine bzw. geringe Weichmacherzusätze	▪ Zusatzstoffe mit hohem Wärmeausdehnungskoeffizient (z. B. organische Füll- u. Verstärkungsstoffe) ▪ Weichmacherzusätze

5.6 Verzugsverhalten von Kunststoff-Formteilen

5.6.1 Verzug als Verformungs- und Stabilitätsproblem

Verzug (Verwölbung, Verwindung, Verwerfung) der Formteile entsteht durch Schwindungsanisotropie und ggf. durch Relaxation elastischer Eigenspannungen. Elastische Eigenspannungen sind nur bei unzulässig hohem Formteilrestdruck beim Entformungsvorgang für den Verzug von Bedeutung.

Verzug verursacht Form-, Lage- und Winkelabweichungen an Formteilen. Verzug ist für Kunststoff-Formteile nicht vollständig vermeidbar, aber minimierbar.

Die Möglichkeiten der Reduktion des Formteilverzugs werden Schwerpunkt der folgenden Ausführungen sein. Dafür sind einige physikalische Fakten erforderlich.

In Bild 5.23 sind physikalisch unterschiedlich verursachte Einflüsse auf die Schwindungsanisotropie und den Verzug am Beispiel einer zentral angespritzten Kreisplatte mit ihren Wirkungen und Abhilfen dargestellt.

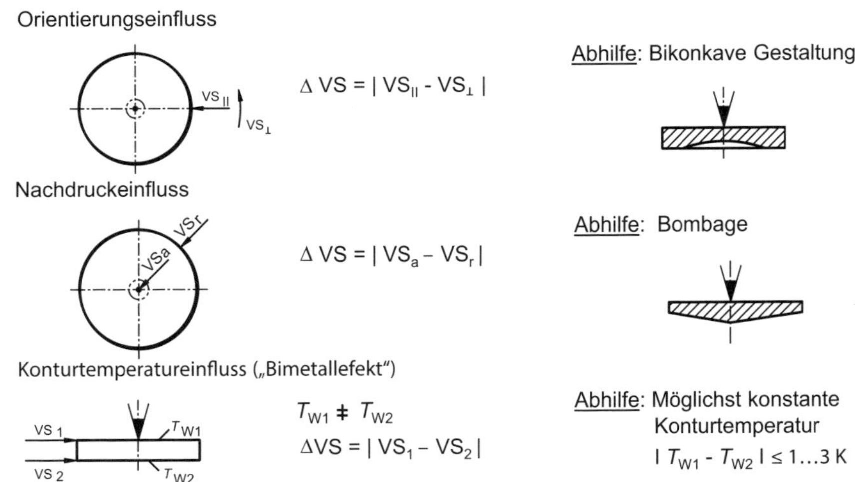

Bild 5.23 Wirkungen und Abhilfen zum Verzug durch Schwindungsanisotropie

Verzug durch Schwindungsanisotropie entsteht durch lokale Druckverformungsunterschiede (Stauchungen), die zwangsweise infolge verschieden großer Schwindungen verursacht werden. Da die Auswirkungen unterschiedlich sind, muss bei Überlagerung verschiedener Einflüsse deren resultierende Wirkung auf den Verzug berücksichtigt werden. Diese Aufgabe stellt sehr große Anforderungen an den Konstrukteur. Eine wertvolle Hilfe kann die computergestützte Verzugsanalyse sei (Kapitel 7 „Anwendungsmöglichkeiten der Konstruktions- und Simulationstechniken").

Im Fall des Orientierungseinflusses nach Bild 5.23 ist die mechanische Beanspruchung der Kreisplatte so aufzufassen, als würde sie gleichmäßig am Umfang durch einen Radialdruck gestaucht werden. Bei einer bestimmten kritischen Stauchung beult die Platte. Dieses Stabilitätsversagen ist in Bild 5.24 quantifiziert.

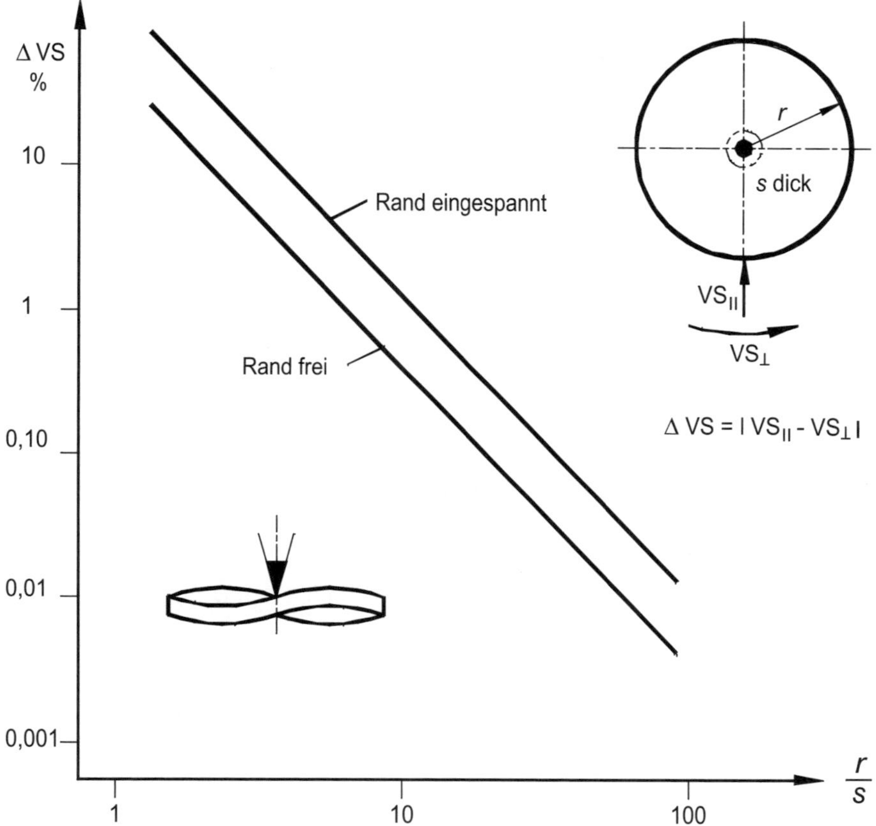

Bild 5.24 Stabilitätsversagen durch Beulen einer Kreisplatte

Bei großen Fließweg/Wanddicken-Verhältnissen (r/s), welche für Kunststoff-Formteile oft vorkommen, genügen bereits geringe Schwindungsdifferenzen zum Stabilitätsverlust. Bereits vor der Instabilität tritt eine Verwölbung der Platte als Verzug auf („Chinesenhut"), wie in Bild 5.25 schematisch dargestellt.

Der Leser wird u. U. in den vorstehenden Darstellungen und Interpretationen die Einbeziehung der Werkstoffsteifigkeit, z. B. durch den E-Modul, vermissen. Daher sei hier ausdrücklich hervorgehoben, dass die Schwindungsunterschiede dem Formteil eine Verformung unabhängig von der Formstoffsteifigkeit aufzwingen („gefrierendes Wasser sprengt den Stein"). **Damit ist der Verzug nur von den geometrischen Voraussetzungen und Randbedingungen sowie von der Schwindungsdifferenz ΔVS und deren Verteilung am Formteil abhängig.**

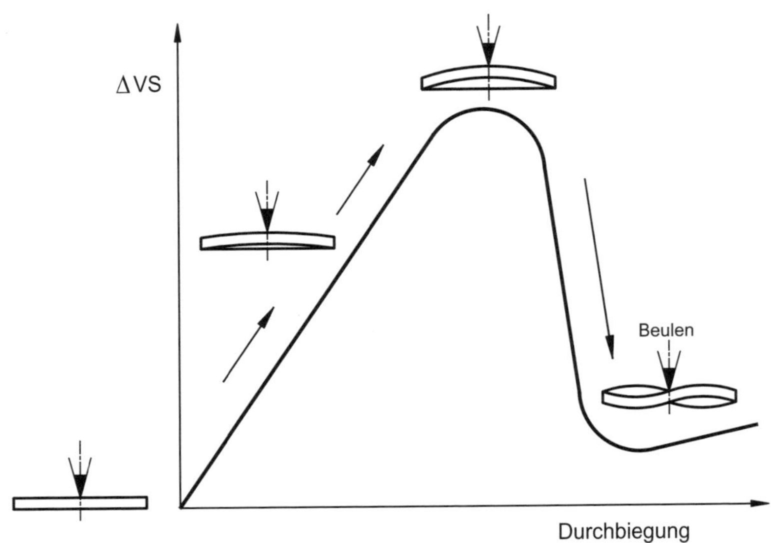

Bild 5.25 Verformungsverlauf bis zum Beulen einer Kreisplatte

5.6.2 Gestaltungsbeispiele für maßhaltige Kunststoff-Formteile

Minderung bzw. Neutralisation des Verzugs

Die nachfolgenden Beispiele in den Bild 5.26, Bild 5.27 und Bild 5.28 sind immer als Prinziplösungen gedacht, deren Gegenüberstellung „ungünstig" und „günstig" im Sinne der behandelten werkstofftechnischen und verarbeitungstechnischen Grundlagen selbsterklärend ist.

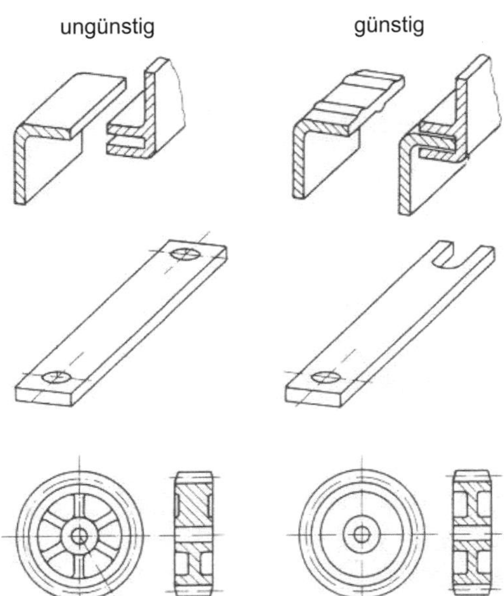

Bild 5.26 Gestaltungsbeispiele 1 (nach W. Haack, J. Schmitz: Rechnergestütztes Konstruieren von Spritzgießformteilen; Vogel Business Media 1985)

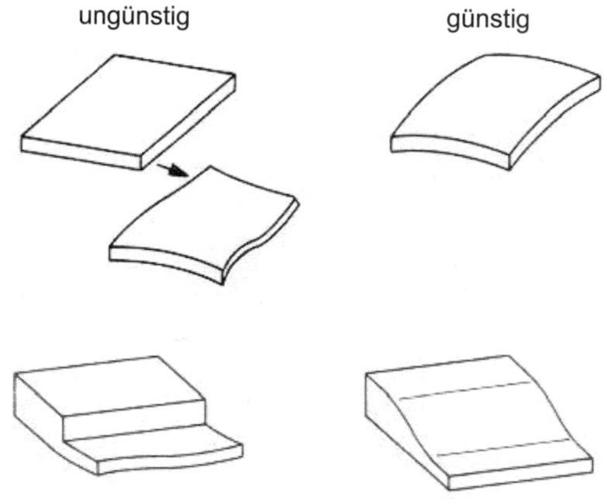

ungünstig

günstig

Bild 5.27 Gestaltungsbeispiele 2 (nach W. Haack, J. Schmitz: Rechnergestütztes Konstruieren von Spritzgießformteilen; Vogel Business Media 1985)

ungünstig

günstig

0,6 *s*

3 *s*

s

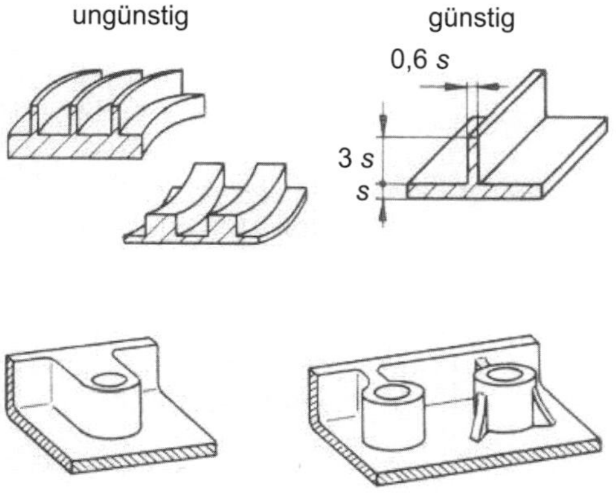

Bild 5.28 Gestaltungsbeispiele 3 (nach W. Haack, J. Schmitz: Rechnergestütztes Konstruieren von Spritzgießformteilen; Vogel Business Media 1985)

Ursachen des Winkelverzugs an Formteilecken und -kanten

Winkelverzug dieser Art ist ein dominierendes Problem der maßlichen Gestaltung von Kunststoff-Formteilen. In Bild 5.29 ist die physikalische Ursache durch die ungleichmäßige Formteilabkühlung erklärt.

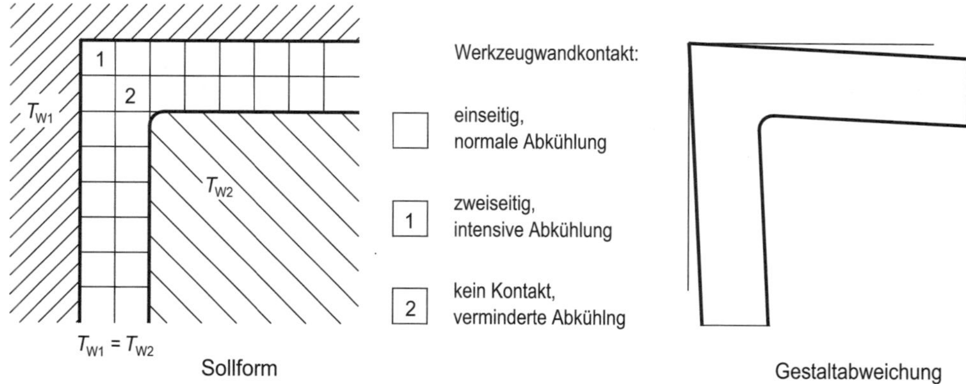

Bild 5.29 Winkelverzug infolge ungleichmäßiger Abkühlung (nach [19])

Die Auswirkungen des Winkelverzugs an kastenförmigen Formteilen sind dem Bild 5.30 zu entnehmen.

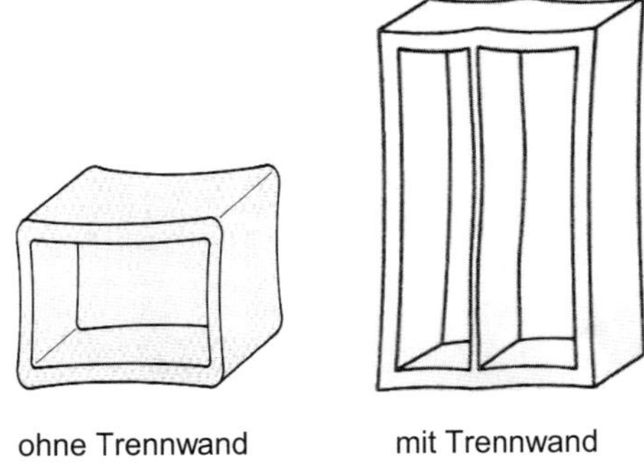

Bild 5.30 Gestaltabweichungen für Kasten [19]

Die Vermeidung bzw. Minderung des Winkelverzugs kann durch Formteilgestaltung und spezieller Werkzeugkühlung erreicht werden.

In Bild 5.31 sind Möglichkeiten der Reduzierung von Materialanhäufungen angegeben, deren Auswahl auch bei Beachtung der Wirtschaftlichkeit zu treffen sind.

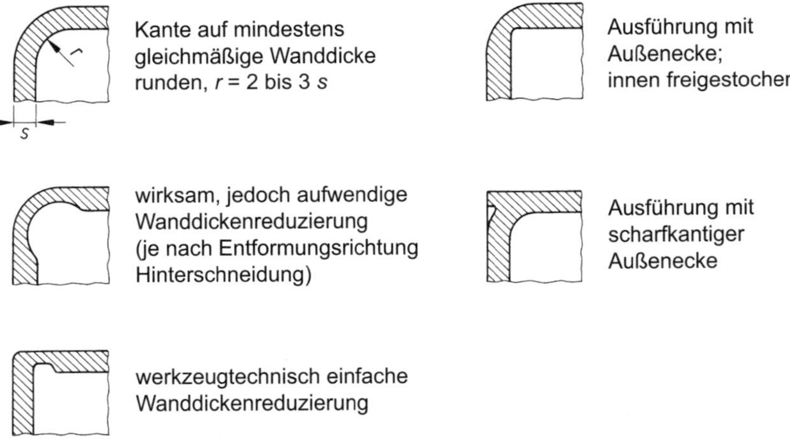

Bild 5.31 Reduzierung von Materialanhäufungen (nach G. Erhard: Konstruieren mit Kunststoffen, 4. Auflage; Carl Hanser Verlag 2008)

Die Maßnahmen in Bild 5.32 bewirken eine verstärkte Wärmeabführung an der Innenseite der Formteilkanten und -ecken.

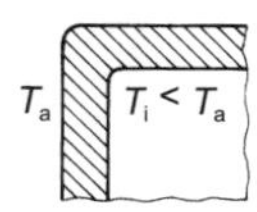

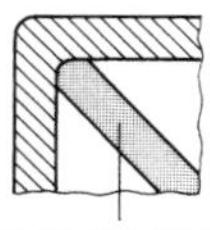

Bild 5.32 Intensivierung der Werkzeugkühlung (nach G. Erhard: Konstruieren mit Kunststoffen, 4. Auflage; Carl Hanser Verlag 2008)

5.7 Richtwerte der Verarbeitungsschwindung für Kunststoffe

5.7.1 Bewertungsgrundlagen

Die Verarbeitungsschwindung (VS) ist ein zentraler Kennwert zur Realisierung maßhaltiger Kunststoff-Formteile. Die VS ist werkstoff-, formteil- und verfahrensabhängig und daher prinzipiell nur im Rahmen eines „Arbeitsfensters" der konkreten Fertigungstechnologie als Streubereich $\mathbf{\Delta S = VS_{max} - VS_{min}}$ angebbar. Für die Berechnung der Werkzeugkonturmaße wird auch ein fixer Mittelwert als Rechenwert $\mathbf{VS_R = 0{,}5\ (VS_{max} + VS_{min})}$ benötigt, da beim derzeitigen Stand der computergestützten Simulationstechnik eine automatische Konturfestlegung noch nicht möglich ist. Das Prinzip der Aufmaßverrechnung für Werkzeugkonturmaße ist in Tabelle 5.12 am Einzelmaß erläutert.

Tabelle 5.12 Werkzeugkonturmaßberechnung

$C_W = C_F\ (1 + 0{,}01\ VS_R\ [\%]) - q$
C_W: Werkzeugkonturmaß C_F: Formteilmaß

q: Korrekturglied für Quetschflächen (Totpressflächen), lose Beilagen und Backen in Formpresswerkzeugen für Duroplaste (Spritzgießen: $q = 0$)
$q = 0{,}1$ bis 0,3 mm, abhängig von Formmassestruktur und projizierter Formteilfläche.

Die Verarbeitungsschwindung (VS) gehört zu den ambivalenten Daten der Kunststofftechnik, die einerseits für die Entwicklung maßhaltiger Formteile unabdingbar sind, aber andererseits auf Grund der vielen Einflussfaktoren ausgesprochen zögerlich mit erforderlicher Genauigkeit angegeben werden. Während in technischen Informationen der Formmasselieferanten bzw. in entsprechenden Datenbanken Kennwerte zu finden sind, die meist kein Anwender benötigt oder beachtet, wird diesbezüglich die VS sehr stiefmütterlich behandelt. Folgende Kategorien der Informationen über die VS wird der Nutzer im Regelfall vorfinden:

- Keine Angaben,
- Angabe von Einpunktwerten oder engen Wertebereichen, deren prüftechnische Bestimmung dann oft in allen Einzelheiten aufgelistet wird. Meist handelt es sich dabei um Normwerte nach DIN EN ISO 294-4 bzw. ISO 2577 des Formmasseherstellers,
- extrem große Wertebereiche, ggf. verbunden mit dem „hilfreichen" Hinweis, dass Alles von Allem abhängt.

Für alle Kooperationspartner der Formteilentwicklung ist es wichtig, von wem die VS und ihr Streubereich mit hinreichender Zuverlässigkeit zu erfahren sind. Solche Angaben können in erster Linie nur von Partnern kommen, die Größe und Streubereich der VS aktiv beeinflussen können, d. h. vom Formmassehersteller und Kunststoffverarbeiter. Solche Informationen sind also im Regelfall nicht vom Werkzeugbauer zu erwarten, da diesem meist das erforderliche Feedback fehlt.

Angaben zur VS und zu den Eingrenzungen des Streubereichs sind vom Formmassehersteller ggf. durch differenzierte Qualitäten und Preise der Formmasse zu erwarten (z. B. Industriequalität, Typware, spezifizierte Typware). Leider hat die derzeitige Betriebsstruktur vieler Kunststoffanbieter den diesbezüglichen Service ungünstig beeinflusst.

Den Einfluss der Formteilgeometrie und der Verarbeitungsbedingungen kann in systematischer Weise nur der Formteilhersteller auswerten. Durch Maßprüfungen im Rahmen der Qualitätssicherung sowie aus Erfahrungen bei Prozesseinstellungen für unterschiedliche Formteile und Maschinen kann ein umfangreiches Wissen über Zahlenwerte der VS und deren Beeinflussung gewonnen werden. Mit vorhandenen Altwerkzeugen oder Werkzeugen für geometrisch ähnliche Teile sowie mit Vorserien- bzw. Prototypenwerkzeugen sind prozessoptimierende Versuche in Abstimmung mit dem Formteilabnehmer möglich. Insbesondere können Grenzmaße für die Funktionserfüllung und damit für die Toleranzfestlegung generiert werden. In DIN 16742 wird daher festgestellt, dass Rechenwerte der Verarbeitungsschwindung (VS_R) und deren voraussichtlichen Streuungsbereiche in erster Linie vom Formteilhersteller erwartet werden.

Durch Auswertung zahlreicher Schwindungsmessungen unterschiedlicher Herkunft und Zielsetzung konnte relativ unabhängig vom Polymertyp (Thermoplaste, Duroplaste) und vom Verarbeitungsverfahren (Spritzgießen, Pressen) für den maximalen Streubereich der Verarbeitungsschwindung infolge verarbeitungs- und chargenbedingter Schwindungsschwankungen ohne Berücksichtigung der Schwindungsanisotropie folgende Näherungsrelation festgestellt werden [5] [6]: $\mathbf{\Delta S_{max} \approx 0{,}6\ VS_R}$.

Für diese Relation sind technologisch sinnvolle Bereiche der Verarbeitungsparameter sowie chargenbedingte Eigenschaftsschwankungen von qualitätsmäßig überwachter Typware vorausgesetzt. Aus der vorstehenden Beziehung ist ableitbar, dass die fertigungsbedingten Schwindungsstreuungen sowohl von der Größe der mittleren Schwindung (Rechenwert) als auch von dessen Schwankungsbreite abhängen. Sie wurde daher in DIN 16742 als Grundlage für die Quantifizierung der Schwindungseigenschaften zur Auswahl der Toleranzgruppen (TG) verwendet.

Es ist erkennbar, dass der Formteilhersteller im Rahmen des maximalen Streubereichs bei entsprechender Prozessoptimierung und Typware ein eingeengtes „Arbeitsfenster" mit entsprechend größerer Fertigungsgenauigkeit durch Beeinflussung der VS erreichen kann. Dabei ist dann allerdings der u. U. erhebliche Einfluss der Schwindungsanisotropie zu berücksichtigen.

5.7.2 Schwindmaßtabellen

In den nachfolgenden Tabellen sind Richtwertbereiche der VS für Kunststoffgrundtypen angegeben. Diese Grundtypen erfordern zur Spezifizierung der VS sowohl die Berücksichtigung der genauen stofflichen Zusammensetzung der Formmasse als auch die Beachtung der Auswirkungen der Anisotropie. In den Richtwertbereichen ist die Schwindungsanisotropie ausreichend erfasst. Da die angegebenen Schwindungsbereiche meist relativ groß sind, sollte der Nutzer, sofern keine Erfahrungen vorliegen, als erste Orientierung den Mittelwert des Bereichs verwenden. Zur Präzisierung der fertigungsbedingten Schwindungsstreuung ist möglichst die Erfahrung des Kunststoffverarbeiters einzuholen. Die Wanddickenschwindung für flächige oder schalenförmige Formteile ist in den Tabellen nicht erfasst. Es muss aber mit einer Verdoppelung der VS gerechnet werden.

Angaben über Richtwertbereiche der VS dienen hier vor allem als Orientierung zur Anwendung der DIN 16742. Die Kunststoff-Formmassen werden nachstehend als charakteristische Gruppen aufgeführt und besprochen, so dass der Nutzer ggf. Schlussfolgerungen auch für nicht aufgeführte Typen ziehen kann.

Die angegebenen Zahlenbereiche repräsentieren die wahrscheinliche Lage der VS. Es sei aber vermerkt, dass Zahlenwerte für extreme technologische Bedingungen auch außerhalb der Bereiche liegen können. Für die Zusammenstellung der VS-Bereiche wurden dem Angebot entsprechend überwiegend die Messwerte von Normprüfkörpern (Flachstäbe, Platten, Viertelscheiben) verwendet, aber auch nach Möglichkeit Messwerte von realen Formteilen berücksichtigt.

Amorphe Thermoplaste mit Glastemperaturen über 60 °C

Die VS-Bereiche in Tabelle 5.13 zeigen die thermoplastisch verarbeitbare Kunststoffgruppe mit den geringsten Schwindungswerten, d. h. mit guten Voraussetzungen für eine maßgenaue Fertigung. Selbst die ausgeprägte Anisotropie bei faserverstärkten Kunststoffen ist ohne größere Auswirkung, wenn die VS unter 0,5 % liegt.

Tabelle 5.13 Verarbeitungsschwindungsbereiche für das Spritzgießen amorpher Thermoplaste mit Glastemperaturen über 60 °C

Formmassen	VS in %
PS, SB, ABS, SAN, ASA, (ASA + PC), MABS, MBS, PMMA, CA, CAB, CP, PVC-U	0,4 bis 0,7
PC, PC-HT, (PC + ABS), PA6-3-T, (PPE + SB)	0,5 bis 0,8
PEI, PPSU, PSU, PESU	0,5 bis 0,9
PET am.	0,2 bis 0,4
Gefüllt und verstärkt (außer PETam.)	
-GF10/15	0,3 bis 0,6
-GF20/30	0,2 bis 0,5
-GF40	0,1 bis 0,4
-GB10/20 -MD10/20	0,3 bis 0,5

Glasmattenverstärkte Thermoplaste (GMT) und LCP

Die VS-Bereiche in Tabelle 5.14 für GMT und LCP zeigen gleichfalls Formmassen mit sehr kleinen Schwindungswerten, wobei aber das Pressen von GMT im Vergleich zum Spritzgießen tendenziell nur geringere Fertigungsgenauigkeiten ermöglicht. Bei den LCP ist durch Fließorientierung der starren Moleküle trotz des geringen Schwindungsniveaus eine ausgeprägte Schwindungsanisotropie meist nicht vermeidbar. Füll- und Verstärkungsstoffe verringern daher bei diesen Polymeren die VS und die Schwindungsanisotropie sowie den Werkstoffpreis.

Tabelle 5.14 Verarbeitungsschwindungsbereiche für das Pressen von GMT und Spritzgießen von LCP

Formmassen	VS in %
Formpressen und Fließpressen von GMT	
PP-GM20	0,3 bis 0,4 (0,8)
PP-GM30	0,2 bis 0,3 (0,6)
PP-GM40	0,15 bis 0,2 (0,4)
PET-GM35	0,15 bis 0,25 (0,5)
Hinweis: Klammerwerte gelten für das Fließpressen zur Berücksichtigung der Schwindungsanisotropie infolge Glasfaserorientierung	
Spritzgießen von LCP	
LCP	0 bis 0,6
LCP-GF; CF; GD; MD (ab 20 %)	0 bis 0,4

Teilkristalline Polyamide und Polyterephthalate

Die Vertreter dieser Kunststoffgruppe nach Tabelle 5.15 gehören zu den wichtigsten technischen Thermoplasten, deren Vielseitigkeit u. a. durch eine besondere Kombinationsvielfalt mit Füll- und Verstärkungsstoffen begründet ist. Damit sind auch viele Möglichkeiten zur Fertigung maßgenauer Formteile gegeben. Für ungefüllte und unverstärkte Kunststoffe dieser Gruppe liegt die Maximalschwindung bei ca. 2 %.

Tabelle 5.15 Verarbeitungsschwindungsbereiche für das Spritzgießen teilkristalliner Polyamide und Polyterephthalate

Formmassen	VS in %
PA6, PA66, PA6/66, PA66/6, PA46, PA610, PA11, PA12	0,8 bis 2
PPA, PAMXD6	1 bis 2
PBT, PET, (PBT + PET)	1,2 bis 2,2
Gefüllt und verstärkt	
-GF10/20	0,4 bis 1,4
-GF25/35	0,2 bis 1,2
-GF40/50	0,1 bis 0,8
-GF60	0,1 bis 0,6
-GB20/30	0,6 bis 1,6
-GB40/50	0,5 bis 1,2
-MD20/30	0,6 bis 1,4
-MD40/50	0,4 bis 1
-(GF + MD)30/40	0,3 bis 1
-(GF + GB)30/40	0,4 bis 1,2
-CF20	0,2 bis 0,6
-CF30	0,1 bis 0,5
-RF10 / 20	0,6 bis 0,8

Teilkristalline Polyolefine und Polyacetale

Die Vertreter dieser Kunststoffgruppe nach Tabelle 5.16 gehören zu den Polymeren mit hohem Kristallinitätsgrad und entsprechend großer VS. Auch ohne Feststoffzusätze neigen die Polyolefine zu relativ großer Schwindungsanisotropie. In der Gruppe sind preiswerte technische Thermoplaste mit großer Anwendungsbreite enthalten (z. B. PP, PE-HD, POM).

Tabelle 5.16 Verarbeitungsschwindungsbereiche für das Spritzgießen teilkristalliner Polyolefine und Polyacetale

Formmassen	VS in %
PE-LD, PE-MD	1,2 bis 3
PE-HD	1,3 bis 3,2
PP	1,3 bis 2,6
PB, PMP	1,4 bis 3
POM	1,5 bis 2,8
Gefüllt und verstärkt (außer PB und PMP)	
-GF10/20	0,4 bis 1,6
-GF30/40	0,2 bis 1,3
-GB20/30	0,7 bis 1,7
-MD20/30	0,6 bis 1,6
-MD40/50	0,4 bis1,4
-(GF+MD)30/40	0,4 bis 1,2

Teilkristalline Polyphenylenetherketone und Polyphenylensulfid

Diese hochwärmebeständigen Kunststoffe nach Tabelle 5.17 sind fast ausschließlich (PPS) oder überwiegend als verstärkte Formmassen mit relativ geringen VS-Werten und großer Werkstoffsteifigkeit in Anwendung. Wegen des hohen Werkstoffpreises trotz Füllung ist ihre Anwendung nur bei entsprechenden Anforderungen gerechtfertigt.

Tabelle 5.17 Verarbeitungsschwindungsbereiche für das Spritzgießen von Polyphenylenetherketonen und Polyphenylensulfid

Formmassen	VS in %
PPS, PEK, PEEK, PEEKK, PEKEKK	0,9 bis 1,8
Gefüllt und verstärkt	
-GF10/20	0,5 bis 1,2
-GF30/35	0,3 bis 0,9
-GF40/45	0,2 bis 0,8
-(GF+MD)50/65	0,2 bis 0,6
-CF20	0,2 bis 0,6
-CF30	0,1 bis 0,5

Teilkristalline Polyfluorcarbone

Spritzgießbare Polyfluorcarbone nach Tabelle 5.18 sind besonders alterungs- und medienbeständige sowie teure Kunststoffe für spezielle Anforderungen. Die große VS und die relativ geringe Werkstoffsteifigkeit schränken die erzielbare Fertigungsgenauigkeit ein. Füll- und Verstärkungsstoffe spielen nur eine untergeordnete Rolle.

Tabelle 5.18 Verarbeitungsschwindungsbereiche für das Spritzgießen von Polyfluorcarbonen

Formmassen	VS in %
PCTFE	1 bis 2
PVDF, ECTFE	1,5 bis 3
PFA, ETFE	2,5 bis 4,5
FEP	3 bis 6

Weichelastische Thermoplaste und thermoplastische Elastomere

Für die weichelastischen Thermoplaste und thermoplastischen Elastomere ist mit abnehmender Härte eine Tendenz zu größeren Schwindungsbereichen festzustellen. Als Faustregel kann außerdem gelten, dass mit VS-Werten ab ca. 1,5 % vor allem bei dünnwandigen Formteilen u. U. mit einer großen Schwindungsanisotropie zu rechnen ist ($VS_{||} > VS_{\perp}$), die in den angegebenen VS-Bereichen nicht immer ausreichend berücksichtigt ist.

Tabelle 5.19 Verarbeitungsschwindungsbereiche für das Spritzgießen von weichelastischen Thermoplasten und thermoplastischen Elastomeren

Formmassen	Härte (Shore A oder D)	VS in %
PVC-P	über 70 bis 90 A	0,8 bis 2,2
	60 bis 70 A	1 bis 2,8
PA12-P	50 bis 70 D	1 bis 2,5
EVAC	über 85 A	1,2 bis 2,5
	70 bis 85 A	0,8 bis 2,5
TPS-SEBS	über 35 D	1 bis 1,5
	50 bis 90 A	1 bis 2
	unter 50 A	1 bis 2,5
TPC-ET	über 40 D	1,3 bis 2
	unter 90 A	0,8 bis 1,8
TPA (PEBA12)	40 bis 70 D	0,8 bis 2
TPO-(EPDM + PP), TPV-(EPDM-X + PP)	55 A bis 75 D	0,5 bis 2
TPU	über 50 D	0,4 bis 0,8
	30 bis 50 D	0,6 bis 1,5
TPZ-(EVAC + PVDC)	60 bis 80 A	1,3 bis 2,5

Duroplaste:

Bei den VS-Bereichen der Duroplastformmassen in Tabelle 5.20 ist zu beachten, dass für die Phenoplaste und Aminoplaste der Formmasseausgangszustand (Vorkondensationsgrad, Feuchtegehalt) und die Vorprozesse (Tablettierung, Vorwärmung) einen großen Einfluss auf das Schwindungsverhalten haben. Die etwas größeren VS-Bereiche für das Spritzgießen und Spritzpressen widersprechen nicht der

Tatsache, dass mit diesen Verfahren im Vergleich zu Formpressen größere Fertigungsgenauigkeiten erreicht werden.

Tabelle 5.20 Verarbeitungsschwindungsbereiche von Duroplastformmassen

Formmassen	VS in %	
	Spritzgießen, Spritzpressen	Formpressen
PMC: PF11, PF13, MF155	0,3 bis 0,7	0,2 bis 0,5
PMC: PF31, MF150, MP180, UF131	0,6 bis 1,5	0,5 bis 1
PMC: PF51, PF71, PF83, MF152, MP181	0,5 bis 1,3	0,4 bis 0,9
PMC: PF74, MF154	-	0,2 bis 0,6
PMC: UP802, UP803	0,4 bis 1	0,2 bis 0,6
PMC: EP nach DIN EN ISO 15252	0,5 bis 0,9	0,4 bis 0,7
BMC: UP801, UP803	-	0,1 bis 0,4
SMC: UP830 bis UP834	-	0,1 bis 0,4

5.8 Wärmedehnung, Nachschwindung und Quellung von Kunststoffen

5.8.1 Problemabgrenzung

Im Kapitel 4 wurde ausführlich die Bedeutung der Maßänderung bei Anwendungsbedingungen der Formteile behandelt und am Beispiel demonstriert. Diese Maßabweichungen erfordern die Berücksichtigung der Wärmedehnung bzw. Wärmekontraktion, der Nachschwindung und der Quellung als wichtigste Einflussfaktoren, die nachstehend unter dem Aspekt der Polymereigenschaften behandelt werden. Umfassende theoretische Grundlagenbetrachtungen sind nicht Gegenstand der Ausführungen, da es nur um Hinweise und Richtlinien zur praktischen Bearbeitung geht. Weitergehende quantitative Angaben und Daten müssen den technischen Informationen der Formmassehersteller, den Datenbanken und der Fachliteratur entnommen werden.

5.8.2 Wärmedehnung

In Tabelle 4.4 ist die Berechnung der Wärmedehnung und -kontraktion (ε_T) mit allen erforderlichen Daten und Voraussetzungen angegeben. Als Eigenschaftskennwert tritt die mittlere lineare Wärmedehnzahl α im jeweiligen Anwendungstemperaturbereich ϑ_0 bis $\vartheta_{max;\,min}$ auf.

Die Prüfwerte nach ISO 11359-2 für den Temperaturbereich 23 °C bis 55 °C sind als Basisdaten aus der Campusdatenbank verfügbar. Formmassehersteller bieten diese Daten auch in anderen Temperaturbereichen an. Alle Simulationsprogramme (z.B. Füllbild- und Verzugsanalyse), die *p-v-T*-Daten verarbeiten, könnten als Service für die jeweiligen Anwendungstemperaturbereiche α-Werte nach entsprechender Softwaremodifizierung zur Verfügung stellen. In der PolTolerances-Software [7] wird neben der Temperaturabhängigkeit des Wärmeausdehnungskoeffizienten auch dessen Abhängigkeit von Art und Menge der Füll- und Verstärkungsstoffe berücksichtigt.

In Abschnitt 4.4 wurde auf die gravierende Beeinflussung des Wärmeausdehnungskoeffizienten durch die Formstoffsteifigkeit hingewiesen. Zur Grobabschätzung der α-Werte in Abhängigkeit vom E-Modul kann die Zahlenwertgleichung aus Tabelle 5.21 genutzt werden.

Tabelle 5.21 Abschätzung des Wärmeausdehnungskoeffizienten abhängig vom E-Modul des Kunststoffes

$\alpha \approx (39 - 3{,}9 \ln E) \cdot 10^{-5}$	**Geltungsbereich: E: 30 bis 12 000 N/mm²**

α: mittlerer linearer Wärmeausdehnungskoeffizient nach ISO 11359-2 in K^{-1}
E: E-Modul aus der Kurzzeitzugprüfung nach DIN EN ISO 527 bei 23 °C in N/mm^2

Schwindungsanisotropie und Wärmedehnungsanisotropie verlaufen gleichartig, wobei auch alle Einflussfaktoren der Verarbeitungsschwindung eine qualitativ gleichsinnige Wirkung auf die Wärmedehnung haben (Tabelle 5.9 bis Tabelle 5.11). Es gilt die Faustregel: Kleinere Verarbeitungsschwindung entspricht kleinerem Wärmeausdehnungskoeffizienten. Damit ist auch der Einfluss von Füll- und Verstärkungsstoffen beschrieben.

5.8.3 Nachschwindung

Nachschwindung von Kunststoffen entsteht durch molekulare Nahordnungseffekte (z.B. Nachkristallisation, Rückstellung von Molekülorientierungen), durch chemische Reaktionen (z.B. Nachhärtung von Duroplasten), durch Abgabe flüchtiger Bestandteile bzw. Austrocknung (z.B. Wasser, Kondensationsprodukte, Löse- und Verdünnungsmittel, Weichmacher), durch Auswandern flüssiger und fester Bestandteile (z.B. Weichmachermigration, Auskreiden) sowie durch Ausgleich (Relaxation) elastischer Spannungen.

Schon aus der Vielschichtigkeit der Ursachen sind die Schwierigkeiten zur Quantifizierung der Nachschwindung (NS) zu erkennen. Zusätzlich wirken sich aber noch die ausgeprägte Temperaturabhängigkeit und die nichtlineare Zeitabhängigkeit dieser Faktoren erschwerend aus. Generell ergibt sich für alle NS-Ursachen bei Temperaturerhöhung eine zeitliche Verkürzung bis zur Erreichung eines bestimmten Wertes der NS. Für die Bestimmung der Maßänderung muss die NS daher situations- und zeitabhängig quantifiziert werden. Leider bieten die üblichen Stoffdateien diesbezüglich keine oder nur beschränkte Hilfen.

Wie so häufig in der Kunststoffanwendung und -verarbeitung kommen in der Praxis daher zur Lösung dieses Problems u.U. die Strategiekomponenten „Ignorieren" und/oder „Versuch und Irrtum" zur Anwendung. Aus den NS-Ursachen ist ersichtlich, dass die Quantifizierung der NS signifikant von der Polymerstruktur bestimmt wird. Nachstehend sollen unter diesem Aspekt Richtlinien und Richtwerte als praktische Orientierungshilfe angeboten werden. Für hydrophile Polymere spielt die Feuchtigkeitsabgabe (Austrocknen) als NS-Komponente u. U. eine wichtige Rolle. Zu diesem speziellen Aspekt wird im nächsten Abschnitt (Quellung) Stellung genommen. Da die NS wesentlich nur von der Polymerkomponente der Formmassen verursacht wird, kann durch anorganische Füll- und Verstärkungsstoffe die NS bei allen Kunststoffen erheblich verringert werden.

Amorphe Thermoplaste mit Glastemperaturen über 60 °C

Für diese Kunststoffe (Tabelle 5.13) wird bei maximalen Anwendungstemperaturen etwa 30 K bis 35 K unterhalb der Glastemperatur (Tabelle 5.22) die NS wesentlich nur durch den Abbau elastischer Eigenspannungen hervorgerufen, die als Abkühlspannungen und ggf. als Spannungen durch Schwindungsbehinderung entstehen. Die Spannungsrelaxation erfolgt relativ schnell, wobei maximale NS-Werte von 0,1 % bis 0,2 % zu erwarten sind. Für viele Anwendungen sind solche Maßänderungen vernachlässigbar.

Tabelle 5.22 Glastemperaturen amorpher Thermoplaste

Kunststoffe	T_g in °C
PETam.	75
PVC-U	80
CA, CAB, CP	85 bis 95
PS, SB, MBS	90 bis 95
SAN, ABS, ASA, PMMA	95 bis 105
MABS	110
(PPE + SB)	135
PC	145
PA6-3-T	150
PC-HT	150 bis 175
PSU	190
PEI	215
PESU, PPSU	220 bis 225

Bei weiterer Annäherung der Anwendungstemperaturen an die Glastemperaturen bilden sich mit zunehmender Erweichung die Molekülorientierungen zurück (Entropieelastizität!), wodurch es zu einem überproportionalen und nicht beherrschbaren Anstieg der NS sowie von Formabweichungen kommt. Maßhaltige Formteile aus diesen Kunststoffen erfordern daher eine entsprechende Wärmeformbeständigkeit, die mit der maximalen Anwendungstemperatur abzustimmen ist.

Teilkristalline Thermoplaste

Bei diesen Kunststoffen (Tabelle 5.15 bis Tabelle 5.18) ist der Kristallisationsgrad und der thermische Zustand (glasartig, thermoelastisch) für die NS maßgebend.

Bei den Kunststoffen mit Glastemperaturen unter 23 °C (z. B. Polyolefine, POM) ist die Rückbildung der Molekülorientierung nach dem Spritzgießen Bestandteil der VS. Die NS durch Nachkristallisation ist deutlich temperatur- und zeitabhängig, wobei dieser Rekristallisationsprozess je nach Temperatur Stunden bis Jahre dauern kann. Mit entsprechend hohen Temperaturen kann durch Temperprozesse die NS vorweggenommen werden.

Für teilkristalline Kunststoffe mit Glastemperaturen deutlich über 23 °C gelten bezüglich der kristallinen Phase die gleichen Gesetzmäßigkeiten. Bei Annäherung bzw. Überschreitung der Glastemperatur wird die NS zusätzlich durch Rückbildung der Molekülorientierung erhöht. Dieser „NS-Sprung“ muss beachtet werden. Da aber die vorstehend benannten Kunststoffe meist als gefüllte bzw. verstärkte Formmassen eingesetzt werden, ist dieser Effekt von geringerer Bedeutung.

Zur Abschätzung der maximal möglichen Nachschwindung (NS_{max}) für teilkristalline Polymere ohne Zusatzstoffe kann die Gesamtschwindung (GS) als Summe von aktueller VS und NS_{max} nach Tabelle 5.23 verwendet werden.

Tabelle 5.23 Gesamtschwindung teilkristalliner Kunststoffe (Richtwerte)

Kunststoffe	GS in %
PE-LD, PE-MD	3,3
PE-HD	3,8
PP-Cop.	2,6
PP-H	2,8
POM-Cop.	3,2
POM-H	3,5
PBT, PET	2,5
PA6, PA66	2,5
PVDF	3,5
TPU (Shore D: über 40)	1,6
	NS_{max} = GS – VS

Für Kunststoffe mit Füll- und Verstärkungsstoffen sind alle Schwindungsbestandteile deutlich geringer. Die Schwindungsanisotropie kann dann allerdings eine Rolle spielen. Einige Formmassehersteller bieten in ihren technischen Firmenschriften entsprechende Daten an.

Weichelastische Thermoplaste und thermoplastische Elastomere

Für diese Kunststoffgruppe (Tabelle 5.19) sind Maßänderungen bei der Formteilanwendung meist von untergeordneter Bedeutung. Molekülrückverformungen unmittelbar nach der Formteilherstellung sind Bestandteil der VS. Lediglich eine große Schwindungsanisotropie kann Formteilverzug bewirken. Für die teilkristallinen Formmassen (TPO, TPV, TPA, TPC, TPU) bei größeren Härtegraden (Shore D: über 40) könnte die kristallisationsbedingte NS u. U. bedeutsam sein.

Duroplaste

Für die Duroplaste (Tabelle 5.20) ist die NS in erster Linie durch die temperatur- und zeitabhängige Nachhärtung (chemische Vernetzung) bestimmt. Damit spielt für die Größe der NS der aktuelle Aushärtungsgrad nach der Formteilherstellung die entscheidende Rolle. Die gravierenden Unterschiede der NS in Abhängigkeit von der Harzart bei gleicher Füllung und Verstärkung der Formmassen und gleichem Anwendungstemperaturniveau wird durch die folgende NS-Reihe qualitativ verdeutlicht:

UF > MF > MP > PF > UP, EP, SI-X.

5.8.4 Quellung

Die Quellung von Kunststoffen soll hier vorrangig unter dem Aspekt der Wasseraufnahme betrachtet werden, wobei aber alle grundsätzlichen Ausführungen auch sinngemäß für andere Medien gelten. Die Nachschwindung durch Austrocknen (Trocknungsschrumpfung) ist nur als Umkehrprozess der Quellung anzusehen und muss daher nicht besonders behandelt werden.

Maßänderung durch Quellung infolge der Medienaufnahme ist das Ergebnis eines Diffusionsprozesses mit zeitlichen Verlaufscharakteristiken, die ganz entscheidend von der Geometrie des Körpers, seiner Temperatur und der Art des Stoffes und dessen Porösität abhängen. Zur Erreichung von Gleichgewichtszuständen sind u. U. Zeithorizonte von Monate bis Jahre notwendig. Triebkräfte dieser Diffusionsprozesse sind die Partialdampfdruckunterschiede zwischen Festkörper und Umgebung. Zur Vorwegnahme der Maßänderung durch Quellung ist eine Konditionierung (Wässerung) nach der Formteilfertigung möglich. Diese Technologie wird gelegentlich für Polyamide angewendet, wobei die damit verbundene Zähigkeitserhöhung gern genutzt wird.

Für die Quellung durch Wasseraufnahme sind die Klimagebiete der Erde einschließlich der Innenraumklimate (Tabelle 4.3) naturgemäß mit unterschiedlichen Dampfdruckunterschieden (Luftfeuchten und Temperaturbereichen) wirksam. Für alle Klimabedingungen ergeben sich charakteristische Sättigungsgrenzwerte der Wasseraufnahme (c_W), die das Maximum der Quellung nach entsprechender Diffusionszeit bestimmen. In [7] sind diese Einflüsse der Quellung durch Wasseraufnahme berücksichtigt. Nach DIN EN ISO 15512 ist die Bestimmung des Wassergehaltes bei unterschiedlichen Konditionierbedingungen geregelt. In Tabelle 5.24 ist für einige hydrophile Kunststoffe die Sättigungskonzentration nach Wasserlagerung angegeben.

Tabelle 5.24 Sättigungskonzentration nach Wasserlagerung bei 23 °C

Kunststoffe	c_W in %
PA46	13 bis 15
PA6	9 bis 11
PA66	7,5 bis 9,5
PA6/6T	6,5 bis 7,5
PF31	7 bis 8,5
PA6-3-T	6 bis 7
CA	3,8 bis 5
PA610	3 bis 4

Für die Kunststoffe in Tabelle 5.24 sind als Ursache der „wasserfreundlichen" ZMK polare Molekülgruppen maßgebend. Polymere auf Basis reiner Kohlenwasserstoffverbindungen (z. B. PE, PP, PB, PMP, PIB, PS, SB) sind hingegen hydrophobe (unpolare) Kunststoffe ohne nennenswerte Wasseraufnahme. Größere Kristallinitätsgrade verringern bei teilkristallinen Polymeren die Wasseraufnahme und Quellung.

Zur Umrechnung der Wasseraufnahme bzw. -abgabe als Quellung bzw. Schrumpfung können nicht die physikalischen Voraussetzungen der Wärmedehnung und -kontraktion ohne Modifizierung übernommen werden. Dies gilt in analoger Weise nach Ansicht des Verfassers auch für die Verarbeitungsschwindung bei Abkühlung einer Thermoplastschmelze unterhalb der Erstarrungstemperatur. In beiden Fällen behindert eine Materialschicht mit großem Verformungswiderstand (ungequollener Kern, erstarrte Randschicht) die Verformung des Gesamtsystems. Wegen der Übereinstimmung der mathematischen Beschreibung von Wärmeleitungsprozessen und Diffusionsprozessen sind einheitliche Ergebnisse einer physikalischen Theorie zu erwarten.

Hierzu wurde in [14] eine Modelltheorie entwickelt und am Beispiel der Quellung von PA6 relativ erfolgreich erprobt. Ältere Quellungsmessungen an Phenoplast- und Aminoplastformstoffen [15] [16] sowie Erfahrungen mit Schwindungsmessungen korrelieren gut mit dieser Modelltheorie. Es ergeben sich damit auch Deutungen für Messergebnisse, die fälschlicherweise durch stoffliche Anisotropie erklärt wurden.

Die Bestimmung von linearen Quelldehnungen und Trocknungsschrumpfungen bei Kenntnis der aktuellen Sättigungskonzentration c_W für Medienaufnahme ist in Anlehnung an [14] in Tabelle 5.25 für geometrische Grenzfälle angegeben. Der Nutzer kann durch Vergleich entsprechende Abschätzungen für beliebige geometrische Formteilpartien vornehmen, ohne den ansonsten erforderlichen mathematischen Formalismus zu bemühen.

Tabelle 5.25 Berechnung von Quelldehnungen und Trocknungsschrumpfungen aus der Sättigungskonzentration

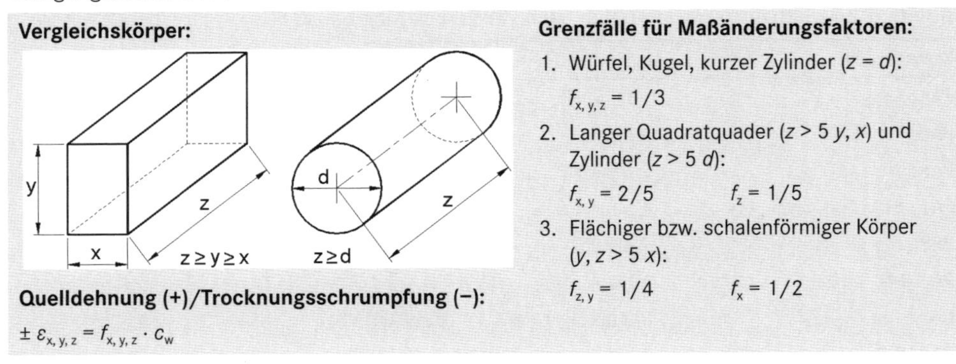

Aus dem Verhältnis der Maßänderungsfaktoren $f_{x,y,z}$ sind z. B. auch die Unterschiede der Verarbeitungsschwindung zwischen Wanddickenmaßen und anderen Formteilmaßen zu erklären.

6 Einfluss der Werkzeugkonzeption auf die Maßhaltigkeit

6.1 Einführung – Besonderheiten im Werkzeugbau

Kunststoffverarbeitungswerkzeuge für Spritzgieß- und Pressverfahren sind aus Sicht eines Maschinenbauingenieurs kompakte Stahlkonstruktionen mit großer mechanischer Belastung über viele Arbeitszyklen, die gewohnheitsmäßig bezüglich der mechanischen Beanspruchung oft als Festigkeitsproblem betrachtet werden. Bauteilverformungen liegen wegen der großen Eigensteifigkeit des Stahls ($E = 200\,000\ N/mm^2$) und der relativ großen Bauteilquerschnitte alle im Bereich elastischer Deformationen, die aus Sicht der Werkstofffestigkeit unproblematisch sind. Zur Einhaltung der Formteilmaßhaltigkeit, zur Verhinderung von Gratbildung und Kollisionen eng tolerierter beweglicher Werkzeugelemente ist hingegen die Steifigkeit des Werkzeuges und die damit verbundenen Bauteilverformungen das praktisch weitaus bedeutungsvollere Problem. Es handelt sich je nach Anforderungen meist um zulässige Verformungen im Bereich von wenigen bis 100 µm. Im Kräftegleichgewicht zwischen Werkzeugöffnungs- und -zuhaltekraft ist das Werkzeug ein „Federelement", dessen zulässige Verformungen unter dem Niveau der Formteiltoleranzen liegen müssen. Werkzeugzuhaltekräfte von Spritzgießmaschinen bewegen sich im Wesentlichen zwischen 250 und 25 000 kN. Dies entspricht der Gewichtskraft von 25 bis 2500 Tonnen.

Eine mittlere Spritzgießmaschine mit einer Werkzeugzuhaltekraft von 4000 kN drückt somit ein Werkzeug bei jedem Zyklus einmal mit einer Gewichtskraft von 400 Tonnen zusammen. Dies entspricht der Gewichtskraft von fünf übereinandergestapelten Diesellokomotiven.

Unter dieser Last darf sich das Werkzeug nahezu nicht deformieren. Deformationen der Werkzeugbauteile würden auf Grund der Querkontraktion das Werkzeug als Ganzes, insbesondere aber die Mechanik im Werkzeug, schädigen und selbstverständlich der Maßhaltigkeit der produzierten Kunststoffteile entgegenstehen. Insbesondere führt die Durchbiegung von Werkzeugteilen oft zur signifikanten Gratbildung am Formteil, welche in der Regel eine Qualitätseinschränkung darstellt.

Die Spannungen und auch die daraus resultierenden Dehnungen, welche aus den oben genannten Prozessparametern resultieren, lassen sich mit den heute zur Verfügung stehenden FEM-Verfahren analysieren.

Deutlich schwieriger wird die Erfassung von Eigenspannungen aus Werkzeugfertigung und Wärmebehandlung sowie aus zyklischen Aufheiz- und Abkühlvorgängen. Dieser Wärmeeintrag kann durch die ungleichmäßige Wärmeausbreitung beim Aufheizen des Werkzeugs oder durch den impulsartigen Wärmeeintrag beim Einspritzen des Kunststoffs oder durch einen Heißkanalverteiler und weitere wärmeabgebende Bauteile verursacht werden.

Hinzu kommen u. U. Kerbspannungen an nicht zu vermeidenden scharfen Kanten bzw. Ecken mit sehr kleinen Radien.

Die Überlagerung der zum Teil sehr schwer quantifizierbaren Einflussfaktoren ist sicher eine Erklärung dafür, dass es bis heute kaum praktisch nutzbare rechentechnische Unterstützung bei der Werkzeugdimensionierung gibt.

So antiquiert es auch klingen mag, hier ist man bis heute auf die Erfahrung des versierten Werkzeugkonstrukteurs angewiesen.

Auch wirtschaftliche Betrachtungen spielen hier eine Rolle:

Da Formwerkzeuge nur selten mit einer Stückzahl größer eins gebaut werden, ist es im Zweifel oft günstiger, eine Werkzeugplatte dicker zu gestalten oder einen größeren Werkzeugaufbau zu wählen, als aufwendige Berechnungen mit einer erheblichen Unsicherheit anzustellen.

Der Autor dieses Kapitels hat als sachverständiger Gutachter schon viele Formwerkzeuge mit geringer Steifigkeit begutachten müssen. Dramatisch an dieser Problematik ist, dass ein einmal zu weich gebautes Werkzeug praktisch immer negiert und neugebaut werden muss. Nachbesserungen sind hier nahezu ausgeschlossen.

Merke
Wer im Formenbau mit Stahl spart, ist oft schlecht beraten.

Kunststoff-Formteile mit besonders hohen Maßhaltigkeitsforderungen erfordern besonders steife Werkzeuge.

Am Rande sei darauf hingewiesen, dass Druckgusswerkzeuge für die Herstellung von Druckguss-Formteilen aus Zink oder Aluminium noch steifer ausgelegt sein müssen als Werkzeuge für die Kunststoffverarbeitung.

Die Gesamtsteifigkeit des fertigen Werkzeugs lässt sich dagegen mit sehr einfachen Mittel prüfen. Hierzu muss nur eine Messuhr mit entsprechender Halterung zwischen den Maschinenaufspannplatten der Spritzgießmaschine bei einem eingebauten Werkzeug angebracht werden. Wird dann die Werkzeugzuhaltekraft aufgebracht, lässt sich an der Messuhr die reale Stauchung des Werkzeugs ablesen.

Das Thema Deformation von Formwerkzeugen wurde hier so ausführlich diskutiert, da diese Zusammenhänge für den werkzeugbautechnischen Laien und u. U. für den Maschinenbauingenieur nicht bekannt sind.

6.2 Deformation der Formteile beim Entformen

6.2.1 Verfahrenstechnische Deformation des Formteils

Nach dem teilweisen Abkühlen der Kunststoff-Formteile wird das Werkzeug geöffnet und die Formteile ausgeworfen. Im einfachsten und günstigsten Fall mit Auswerferstiften, die relativ zur auswerferseitigen Werkzeugseite vorfahren und so die Teile von der Werkzeugkontur ablösen und herausheben.

Dies geschieht bei der sogenannten Entformungstemperatur der Formteile. Auch die Entformungstemperatur ist räumlich unterschiedlich und kann näherungsweise als Durchschnittstemperatur über die Wandstärke verstanden werden.

Da die Entformungstemperatur deutlich über der Raumtemperatur, beispielsweise bei 40 bis 200 °C liegen kann, haben die Kunststoffteile noch eine deutlich geringere Festigkeit und Steifigkeit als nach deren vollständigem Erkalten.

Insbesondere am Beginn des Entformens beim Ablösen des Formteils von der formgebenden Werkzeuggeometrie werden die Formteile mehr oder weniger stark deformiert.

Diese Deformation hat immer einen elastischen und einen plastischen Anteil. Der Anteil der plastischen Deformation sollte möglichst klein, idealer Weise null sein.

Die Entformungstemperatur des Formteils ist unter anderem eine Funktion der Kühlzeit. Die Kühlzeit wiederum geht in die Zykluszeit und somit direkt in die Stückkosten des Bauteils ein.

Ein zu spätes Entformen kann, insbesondere bei Kunststoffen mit hohem E-Modul und größeren Schwindungswerten, ein Formteil stark aufschrumpfen lassen, so dass die Entformungskräfte wieder stark ansteigen.

Neben der Formteilgeometrie, den Entformungsschrägen und der Beschaffenheit der in Entformungsrichtung liegenden Konturflächen beeinflussen nahezu alle Verarbeitungsparameter die Höhe der Entformungskräfte. Der größte Einfluss kommt jedoch dem Nachdruck zu.

Werkzeugseitig haben die Art und die Beschaffenheit der Werkzeugoberfläche einen erheblichen Einfluss auf die Entformungskräfte. Diese sind allerdings kaum prüfbar. Hier sind nicht nur die Rauigkeit, sondern auch die Richtung der Politur entscheidend.

Die Kunststoffsorte und der Anteil eventuell vorhandener Füll- und Verstärkungsstoffe hat ebenfalls Einfluss auf die Höhe der Entformungskräfte.

Die größte sprunghafte Erhöhung der Entformungskräfte kann jedoch ein partielles Verkanten eines Teils des Formteils bewirken. Dieses kann ohne weiteres zu extremen Deformationen des Formteils bis zu dessen Zerreißen beim Entformen führen. Nach der Umsetzung geeigneter Maßnahmen zur Verhinderung des Verkantens ergeben sich wieder Entformungskräfte im Normalbereich.

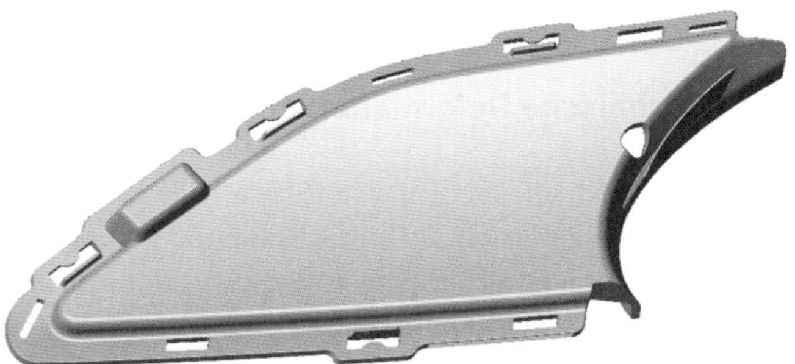

Bild 6.1 Beispiel Abdeckteil

Das Beispielteil in Bild 6.1 ist eine Abdeckung einer Frontverkleidung eines PKW in der Ausführung ohne Nebelscheinwerfer. Die rechts im Bild befindliche dünne, asymmetrisch zum Formteil befindliche Rippe muss im Werkzeug düsenseitig geformt werden. Die Rippe wird somit schon beim Auffahren des Werkzeuges aus der düsenseitigen Werkzeugkontur gezogen. Zunächst wurde das Formteil durch die düsenseitigen Entformungskräfte teilweise auch von der Auswerferseite gelöst, dadurch verkantet, verbogen und die Rippe abgerissen.

Das Einarbeiten von zwei ca. 0,3 Millimeter tiefen Haltenuten hat bewirkt, dass die Rippe gerade aus der düsenseitigen Werkzeugkontur herausgezogen und später völlig unproblematisch ausgeworfen werden konnte.

Eine Deformation eines Formteils, die zunächst dem typischen Verzug zugeordnet wird, kann ihre Ursache auch in einem kurzzeitigen Hängenbleiben des Formteils in der Düsenseite des Werkzeugs oder in einem seitlich verfahrenden Schieber haben. Die gründliche Ursachenklärung ist die Voraussetzung für die Festlegung der Abhilfemaßnahmen.

Eine hinreichend genaue Berechnung der Entformungskräfte unter der ausreichenden Berücksichtigung aller Einflüsse steht nicht zur Verfügung. Der Vollständigkeit halber sei hier erwähnt, dass es Simulationsprogramme gibt, die eine solche Berechnung anbieten. Der Beweis der Praxistauglichkeit ist aber bis jetzt noch nicht erbracht worden, was zugegebenermaßen extrem schwierig ist. Geringfügige Änderungen des Nachdrucks oder des Nachdruckprofils oder aber der Wirksamkeit des Nachdrucks, zum Beispiel durch Eigenschaftsschwankungen des verarbeiteten

Kunststoffs, verändern die Entformungskräfte merklich. Auf Grund der verschiedenen schwer zu erfassenden Einflussfaktoren kann diese Software nur als Unterstützung zur Abschätzung der Entformungskräfte verstanden werden.

Der Rückgriff auf fundiert gewonnene Erfahrungen der entsprechenden Fachkräfte bleibt unverzichtbar.

6.2.2 Werkzeugbedingte Deformationen des Formteils

Für die Größe der zulässigen Deformation der Formteile beim Entformen ist in hohem Maße die Größe der Toleranzen am Formteil entscheidend. Die Deformation des nicht vollständig abgekühlten Formteils und deren teilweise Rückverformung beeinflusst die Geometrie des Formteils und kann die Einhaltung von Toleranzen unmöglich machen.

Das Verkennen dieses Zusammenhanges führt zu völlig falschen Abhilfemaßnahmen. So ist eine Vielzahl an Beispielen bekannt, bei denen wiederholt durchgeführte Maßkorrekturen an der Werkzeugkontur mit anschließender Werkzeugmusterung zu nicht erklärbaren Ergebnissen geführt haben. Die Formteilmaße sind dann Funktion der Entformungskräfte, was der Maßhaltigkeit der Formteile Grenzen setzt.

Die Größe der am Formteil während des Entformens auftretenden Deformationen und die Stellen des Auftretens werden im hohen Maße von dem im Werkzeug angewandten Entformungsprinzip beeinflusst.

Sehr dünnwandige Bauteile sind hinsichtlich Deformationen durch das partielle Einleiten der Entformungskräfte besonders anfällig, aber auch Teile mit vielen hohen Wänden in Entformungsrichtung. Diese Formteile neigen zu besonders ausgeprägten entformungsbedingten Deformationen. Im Extremfall stanzen die Auswerferstifte Löcher in die Formteile, ohne diese auszuwerfen.

Hierzu ein Beispiel:

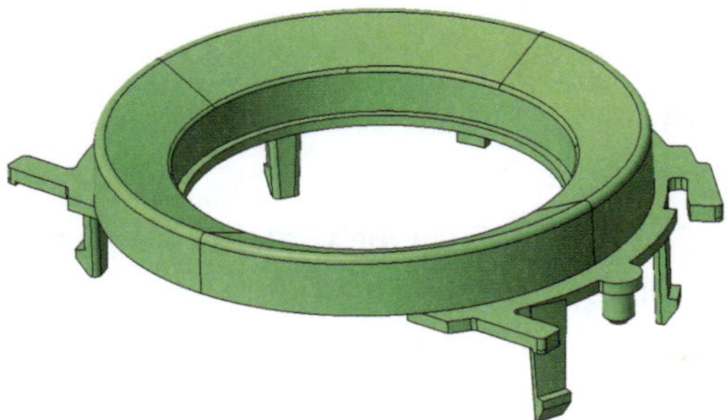

Bild 6.2 Formteil aus dem Bedienbereich eines PKW

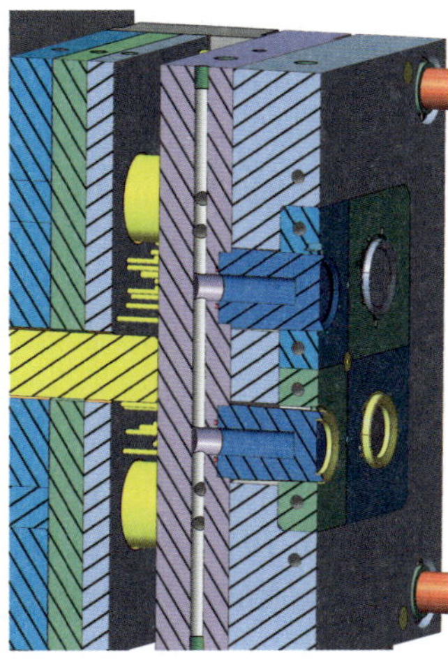

Bild 6.3 Beispielwerkzeug mit einer formteilschonenden zweistufigen Entformung

Das ca. 45 Millimeter breite Bauteil hat funktionsbedingte Wandstärken von 0,8 bis 1 Millimetern.

Um die Leichtgängigkeit der Bedienelemente zu sichern, aber einem Klappern oder Klirren unbedingt vorzubeugen, sind die Toleranzen funktionsbedingt an mehreren Funktionselementen sehr klein.

In einem zunächst gebauten Werkzeug sollten die Formteile in einem Schritt mit Auswerferstiften ausgeworfen werden. Dabei war die plastische Deformation der Bauteile beim Entformen so groß, dass auch nach einer Vielzahl das Werkzeug und den Prozess betreffende Änderungen nicht annähernd die Toleranzen einzuhalten waren. Der Fertigungs- und der Werkzeugbauauftrag wurden im Anschluss an den bei der ersten Vergabe als zu teuer befundenen Lieferanten gegeben. Dieser legte nach der zweiten Musterung freigabefähige Bauteile vor.

Es soll hier keine versteckte Unterweisung in Sachen Werkzeugkonstruktion gegeben werden.

- Die werkzeugbautechnische Realisierung ist Aufgabe der Werkzeugbaus.
- Das Erkennen des Funktionsprinzips ist allerdings eine Vorrausetzung für eine fundierte Vergabeentscheidung der Werkzeugbeschaffung.

Das Bild 6.3 zeigt das Werkzeug zu dem in Bild 6.2 dargestellten Kunststoff-Formteil, in dem eine zweistufige Entformung umgesetzt wurde.

Im ersten Schritt der Entformung fährt die vordere Formplatte mit den vier Kontureinsätzen in Relation zu dem dunkelblauen Kern, der in der violett eingefärbten Zwischenplatte fixiert ist, ca. fünf Millimeter vor. Dadurch wird das Formteil vollständig von dem dunkelblauen Kern heruntergezogen. Dies geschieht sehr schonend, da dieses noch großflächig und umlaufend von dem hellblauen Kontureinsatz abgestützt wird.

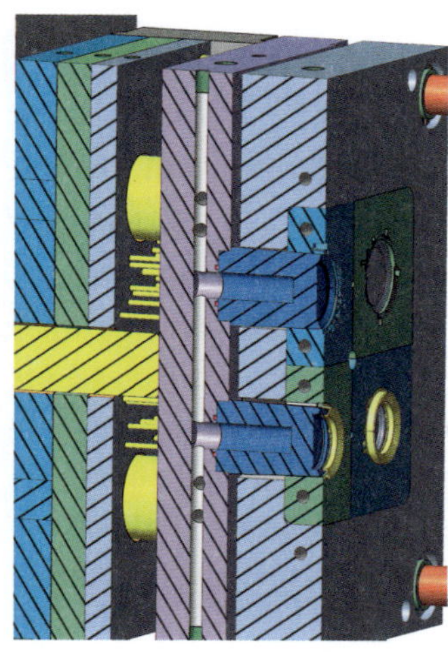

Bild 6.4 Beispielwerkzeug am Ende der ersten Entformungsstufe

In der zweiten Entformungsstufe wird das nun weitgehend gelöste Formteil mit geringen Kräften mit vier Auswerferstiften aus dem hellblauen Formeinsatz geschoben. Deformationen des Bauteils sind hier nicht mehr zu erwarten.

Es soll hier noch erwähnt werden, dass die kinematische Umsetzung einer gestuften Auswerferbewegung heute mit einem Zweistufenauswerfer, den es bei mehreren Normalienlieferanten in verschiedenen Varianten und Größen zu kaufen gibt, unproblematisch ist.

Um dem Leser die Möglichkeit der wirtschaftlichen Bewertung zu geben, soll hier, mit aller gebotenen Vorsicht, ein grob geschätzter Richtwert des Mehrpreises für die zweistufige Entformung mit 7000 Euro angegeben werden. Das zunächst gebaute Werkzeug mit der nun nachgewiesenen, unzureichenden einstufigen Entformung hat 26 000 Euro gekostet. Hinzu kommen die Projektmanagementkosten inklusive aller Musterungen, Vermessungskosten, Krisensitzungen und nicht zuletzt Kosten, welche aus der ca. viermonatigen Zeitverzögerung entstanden sind. Umfassend nachkalkuliert übersteigen diese Kosten die des negierten Werkzeugs ganz sicher.

Die Lösung bzw. die richtige Herangehensweise im Projektdurchlauf ist das Festlegen eines angemessenen Werkzeugkonzeptes vor der Werkzeugfrage. Selbstverständlich kann ein aufwendigeres Werkzeugkonzept ein Werkzeug verteuern. Das Billigste ist nicht immer das Günstigste! Dies verhält sich bei Werkzeugen nicht anders als bei allen anderen Produkten.

6.3 Das Werkzeugkonzept

Werkzeuge sind Unikate und sollten auch als solche behandelt werden.

Das Werkzeugkonzept ist die konzeptionelle Grundlage der Werkzeugbeschaffung. Das Werkzeug wiederum fixiert durch dessen konzeptionelle und handwerkliche Ausführung die Voraussetzungen für die Qualität und die Quantität der vorzubereitenden Bauteilproduktion. Obwohl es an Fahrlässigkeit grenzt, wird diese erstaunlich oft dem Zufall überlassen bzw. durch leichtfertige Auftragsvergabe an den billigsten Werkzeuganbieter erledigt. Damit grenzt dann die Erwartung an ein technisch brauchbares Werkzeug an Naivität. Interessanterweise werden bei der Beschaffung anderer hoch technisierter Investitionsgüter, wie beispielsweise Autos, gänzlich andere Maßstäbe angesetzt.

Dies sollte keineswegs als Plädoyer für überhöhte Werkzeugpreise, wohl aber für die Beschaffung von Produktionsmitteln als Grundvoraussetzung für eine stabile und prozesssichere Fertigung verstanden werden.

Eine besondere Brisanz erhält dieser Entscheidungsprozess dadurch, dass nur ein Teil der eventuellen Fehlentscheidungen am fertigen Werkzeug korrigierbar sind. Ungeeignete Entformungskonzepte, zu geringe bzw. zu wenig gesplittete Temperiermöglichkeiten im Werkzeug oder, wie im Abschnitt 6.1 ausführlich dargestellt, zu weiche Werkzeuge sind im Nachgang oft nur mit einem Werkzeugneubau zu revidieren.

Im Werkzeugkonzept werden die grundsätzlichen Lösungen bzw. der Grad der Ausstattung des Werkzeugs beschrieben, jedoch ohne die konkrete konstruktive Lösung vorwegzunehmen. Vergleichbar mit einer PKW-Bestellung kann Konzept und Ausstattung den Preis der zu beschaffenden Ware um mehrere 100 % schwanken lassen.

Sicherlich ist es für Formteilbesteller unter Umständen schwierig, hier die notwendigen Entscheidungen zu treffen. Allerdings unterscheidet sich diese Vorbereitung einer Investitionsentscheidung nicht von allen anderen Investitionsentscheidungen.

Gegebenenfalls ist hier die Kommunikation zwischen Formteilbesteller, Kunststoffverarbeiter und Werkzeugbau der entscheidende Erfolgsfaktor. Die weltweite Ausschreibung nicht ausreichend spezifizierter Formteile und Werkzeuge birgt erhebliche Risiken in sich. Es ist erstaunlich, mit welcher Selbstverständlichkeit diese Risiken immer wieder hingenommen werden. Hinzu kommt, dass eine fundierte Vergleichbarkeit dann nahezu ausgeschlossen ist.

Festlegungen im Werkzeugkonzept:

- Werkzeuggröße (über Maschinengröße festgelegt)
- grundsätzlicher Aufbau des Werkzeugs
- Konturteilung und Auswerfkonzept

- Werkzeugkonturmaterial /Härte
- Art des Angusses (fixieren oder nichtfixierend)
- komfortable Temperierung (Verzugsbeeinflussung)/Verwendung von Werkzeugkonturwerkstoffe mit höherer Wärmeleitfähigkeit, Sintereinsätze usw.
- Temperierung von Schrägauswerfern und Schiebern
- feststoffgeschmierte Gleitplatten
- Feinzentrierungen/parallele Blockführungen
- Zentrierung, Verblockung der Werkzeugkonturen zueinander
- Ausführung der bewegten Konturabdichtungen
- Anschlussmaße (Zentrierung, Aufspannung, Auswerferanschluss, Temperierung, Hydraulik, Elektrik)

Vor der verbindlichen Werkzeuganfrage sollte eine Werkzeugspezifikation ähnlich der DIN ISO 16916 stehen. Diese Norm ist ein Vorschlag für eine allgemeingültige Werkzeugspezifikation. Sie unterstützt bei der vollständigen Erfassung aller für die Werkzeugbeschaffung erforderlicher Daten. Die Norm enthält als große Ausnahme die Erlaubnis, diese zu kopieren. Somit kann sie direkt als Werkzeugspezifikation oder als Grundlage zur Erstellung einer werkseigenen Werkzeugspezifikation dienen und einen erheblichen Teil des Erstellungsaufwandes sparen.

In der Mehrzahl der Fälle kann die Werkzeugspezifikation mit der Beteiligung der Projektpartner erarbeitet werden. Ohne eine Werkzeugspezifikation ist eine Werkzeugbestellung unvollständig und lässt erhebliche Zweifel an dem Projektmanagement aufkommen. Das Entstehen eines im wahrsten Sinn des Wortes passenden Werkzeugs wäre reiner Zufall.

■ 6.4 Die typischen Projektpartner

Kunststoff-Formteile werden in allen denkbaren Branchen eingesetzt. Es kann jedoch nicht erwartet werden, dass jeder, der Kunststoffteile benötigt, sich intensiv mit Kunststofftechnik befasst. Aus diesem Grund ist es typisch für die Kunststoffverarbeitungsbranche, dass die Auftraggeber teilweise nur einen geringen kunststofftechnischen Hintergrund haben. Dieser wiederum bestellt oft bei einem Werkzeugbauer das oder die notwendigen Werkzeuge.

Damit ist das Spannungsfeld beschrieben, welches durch klare Absprachen und fachlich fundierte Festlegungen allerdings gut beherrschbar ist. Werden die Modalitäten nicht ausreichend geklärt, besteht hier ein großes Potential für Konfliktstoff. Letztendlich kauft der Besteller der Formteile ein Formwerkzeug, dessen Beschaffenheit dieser verständlicherweise oft im Detail nicht kennt und auch nicht einschätzen und bewerten kann. Dieses Werkzeug befindet sich dann meist über Jahre im Besitz des Kunststoffverarbeiters.

Für den Kunststoffverarbeiter hängt von der Funktion des Werkzeugs aber ab, ob er seinen Kunden mit qualitativ einwandfreien Kunststoffteilen termingerecht beliefern kann, was weiterhin auch von vielen anderen Faktoren, wie seiner technischen Ausstattung, dem Kunststoffmaterial, der Qualifikation seines Personals, der grundsätzlichen Erfüllbarkeit der qualitativen Anforderungen und weiteren Faktoren abhängig ist.

Es soll hier auf keinen Fall der Eindruck erzeugt werden, dass die Fertigung von qualitativ hoch oder auch sehr hochwertigen Kunststoff-Formteilen ein Abenteuer oder gar eine Kunst sei. Vielmehr soll der Hinweis gegeben werden, dass die Fertigung anspruchsvoller Bauteile, wozu auch maßhaltige Bauteile gehören, eine adäquate Produktionsvorbereitung erfordern.

Für die hier beschriebene Vorgehensweise gibt es gute Gründe. Im Übrigen ist das Potential bei alternativen Vorgehensweisen noch deutlich größer.

Finanziert der Kunststoffverarbeiter ein Werkzeug vor, welches sich über einen Anteil im Teilepreis refinanzieren soll, so funktioniert dass nur bei Abnahme der in Aussicht gestellten Abnahmemengen.

Dieses Dreiecksverhältnis zwischen Teilebesteller, Teilehersteller und Werkzeugbauer besteht im Übrigen auch unabhängig von gesellschaftlichen oder juristischen Verhältnissen der Akteure zueinander.

Im einfachsten Fall sind es drei unabhängige Firmen, welche in einer typischen Kunden-/Lieferantenbeziehung stehen.

Es ist genauso möglich, dass die Firma, die die Kunststoffteile für ihre Endprodukte benötigt, diese auch produziert und die Werkzeuge im eigenen Werkzeugbau herstellen lässt oder aber Werkzeuge extern einkauft.

Praxis ist auch ein Teilebesteller, der die Bauteile bei einem Kunststoffverarbeiter mit angeschlossenem Werkzeugbau bestellt.

■ 6.5 Die insbesondere die Maßhaltigkeit beeinflussenden Werkzeugeigenschaften

6.5.1 Allgemeines

Ohne jeden Zweifel besteht der Zusammenhang, umso stabiler ein Werkzeug läuft, umso günstiger ist dies für die Fertigung von Kunststoff-Formteilen mit bestimmten qualitativen Eigenschaften, wozu natürlich auch die Maßhaltigkeit zählt.

Je größer das mögliche Gesamtarbeitsfeld ist, je mehr besteht die Möglichkeit, in einem dann immer noch hinreichend großem Feld Prozessparameter auszuwählen, welche die Einhaltung der Toleranzen sicherstellen.

Dass dies alle Verarbeitungsparameter betrifft, soll an einem einfachen Beispiel gezeigt werden. Auch mit einem nicht ausreichend entlüftenden Formwerkzeug können eventuell qualitativ einwandfreie Formteile produziert werden, wenn der Kunststoff sehr langsam in das Werkzeug eingespritzt wird. Die Luft hat dann mehr Zeit zum Entweichen, ohne Materialverbrennungen zu erzeugen. Die Variation des Prozessparameters Einspritzgeschwindigkeit ist allerding schon ausgeschöpft. Bei einer weiteren Verringerung der Einspritzgeschwindigkeit wird die Schmelze vor dem Erreichen des Fließwegendes erstarren. Beim schnelleren Einspritzen werden Materialverbrennungen durch den Dieseleffekt die Folge sein. Nur bei diesem eingestellten Wert ist eine Formteilfertigung möglich. Bei einer ausreichenden Werkzeugentlüftung gäbe es diese Einschränkung des Prozessparameters Einspritzgeschwindigkeit nicht.

Adäquat ließe sich dieses Beispiel auf jeden anderen Verarbeitungsparameter übertragen. Jeder von der Werkzeugfunktion aufgezwungene Kompromiss in der Wahl der Verarbeitungsparameter mindert die Möglichkeit der Herstellung maßhaltiger Formteile.

6.5.2 Werkzeugtemperierung

Eine möglichst gleichmäßige Temperierung der Werkzeugkontur hilft, den Verzug des Formteils zu mindern und leistet dadurch einen wesentlichen Beitrag zur Fertigung maßhaltiger Formteile. Maßgeblich ist hier die reale Werkzeugwandtemperatur und nicht, wie oft angenommen, die Vorlauftemperatur des Temperiermediums.

Ein wichtiger Beitrag ist hier die Vermeidung von sogenannten Hotspots, also Teilen der Werkzeuggeometrie, welche auf Grund ihrer Wärmebilanz besonders hohe Temperaturen entwickeln.

Die erste zu prüfende Möglichkeit ist die Vermeidung von Formteilgeometrien, die schlicht die Wärmeabfuhr erschweren. Sollte dies mit Blick auf die Bauteilfunktion nicht möglich sein, sind die verschiedenen technischen Möglichkeiten zu diskutieren, die anfallende Wärme dennoch aus den wärmekritischen Bereichen abzuführen.

Werkzeugtechnische Möglichkeiten erhöhter Wärmeabfuhr:

- Splitten der Temperierkreisläufe mit der Option der gezielten Wärmeabfuhr
- Einsatz von Werkstoffen mit höherer Wärmeleitfähigkeit (Ampcoloy, Duracon und ähnliche)
- Lasergesinterte Werkzeugeinsätze

- Partielle Intensivkühlung mit Stickstoff
- Partielle Intensivkühlung mit geschlossenem Kühlmittelkreis (Stemke-Kühlung)

Es bedarf keiner besonderen Betonung, dass diese Ausstattungsmerkmale der Werkzeuge zwischen Projektpartnern abgestimmt werden müssen, die Werkzeugkosten erhöhen und somit im Werkzeugkonzept fixiert werden sollten.

Besonders erwähnt werden soll hier die Temperierung von bewegten, formbildenden Werkzeugelementen wie Schiebern und Schrägauswerfern, die eine bestimmte Größe überschreiten. Die Menge des Wärmeeintrags in diese Werkzeugbauteile ist abhängig von der Größe der konturbildenden Flächen.

Da sich diese Werkzeugbauteile bewegen müssen, werden sie mit Spielpassungen in die feststehenden Konturteile des Werkzeugs eingepasst. Allein dadurch ist die Wärmeabfuhr behindert. Die nicht ausgeglichene Wärmebilanz der bewegten Werkzeugbauteile führt oft zu einer sich einstellenden Temperatur, welche deutlich über der der restlichen Konturteile liegt. Verzug und damit Maßhaltigkeitsprobleme, Oberflächenfehler und natürlich eine Verlängerung der Zykluszeit sind die unvermeidlichen Folgen. Hinzu kommt, dass durch die temperaturbedingte Wärmedehnung mechanische Probleme der Werkzeugkinematik bzw. Dichtprobleme häufig die Folge sind.

6.5.3 Rheologische Ausbalancierung der Werkzeuge

Wie schon im Kapitel 5 „Kunststoffeigenschaften und deren Einfluss auf die Formteile unter Berücksichtigung der Maßhaltigkeit“ ausführlich dargestellt, ist die Füllung des Formhohlraums im Spritzgießwerkzeug ein äußerst komplexer rheologischer und thermodynamischer Prozess mit einem enormen Einfluss auf die Orientierung der Makromoleküle und faseriger Füllstoffe.

Dabei fließt die Kunststoffschmelze von dem Anschnitt bzw. von den Anschnitten beginnend mit einer Quellströmung, die von einer Dehnströmung überlagert wird, bis zum Ende des Fließweges. Hierbei werden die Makromoleküle in unterschiedlich hohem Maß daran gehindert, den energieärmsten Zustand anzunehmen.

Die Werkzeugfüllung unterscheidet sich in zwei Phasen, die volumetrische Füllung mit Spritzdruck und die Nachdruckphase. Mit dem Nachdruck wird ein Teil des durch die Schwindung bedingten Volumenschwunds des Formteils ausgeglichen. Der Nachdruck ist immer signifikant niedriger als der Spritzdruck.

Sobald der Schmelzestrom das Ende des Fließweges erreicht, muss die Maschine von Spritzdruck auf Nachdruck umschalten. Prozesstechnisch gibt es hierfür mehrere Möglichkeiten, was allerdings hier nicht weiter diskutiert werden soll.

Geometrisch ergibt sich aus den meisten Formteilen, dass sich bei nicht optimaler Anschnittlage der Schmelzestrom so aufteilt, dass dieser zu unterschiedlichen Zeitpunkten das jeweilige Fließwegende erreicht.

Bild 6.6 zeigt ein Formteil, das sich nach einer Füllzeit von 0,75 Sekunden füllen lässt. Die Fließfront am linken Rasthaken hat zu diesem Zeitpunkt das Fließwegende erreicht. Aus Sicht dieses Formteilbereiches müsste somit von Spritzdruck auf Nachdruck umgeschaltet werden. Der helle Bereich auf der rechten Seite des Formteils muss aber noch gefüllt werden. Dazu sind noch 0,25 Sekunden nötig. Während dieser Zeit sind ca. 1300 bar Spritzdruck nötig, um diesen Bereich vollständig zu füllen. Erst dann kann die Maschine auf Nachdruck umschalten.

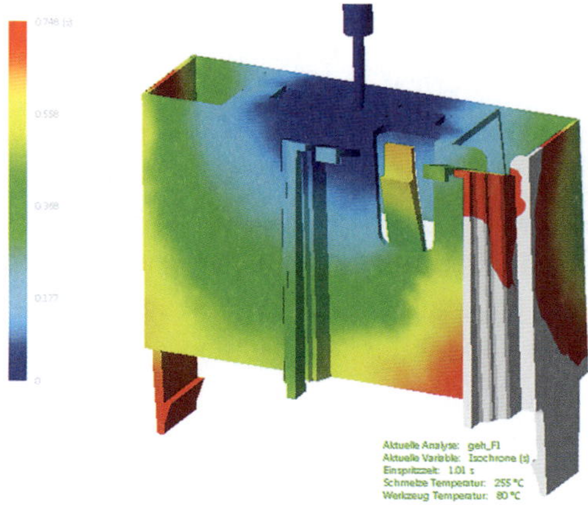

Bild 6.5 Beispiel für ungleichmäßige Füllung eines Formteils

Der linke Formteilbereich wird mit dem Spitzdruck überladen in einer Prozessphase, in der lediglich der Nachdruck wirken sollte. Die für den Kunststofftechniker wenig überraschende Folge ist, dass der linke Rasthaken bei gleichen Werkzeugmaßen größere Maße haben wird als der rechte. Weitere Effekte sind die vermehrte Neigung zur Gratbildung und Spannungen, die durch den übertrieben hohen Druck in der Abkühlphase in das Formteil regelrecht hineingedrückt werden. Der Zusammenhang für die Maßhaltigkeit der Bauteile muss hier sicher nicht weiter betont werden.

Mehrfachwerkzeuge

Mehrfachwerkzeuge, insbesondere die für Formteile mit höheren Genauigkeitsanforderungen, sollten rheologisch ausbalanciert sein. Das heißt, auch hier ist zu sichern, dass die Schmelze zur gleichen Zeit das Fließwegende erreicht.

Da die Kavitäten gleich sind, betrifft die Balancierung hier das Angusssystem, unabhängig davon, ob es sich um einen Kalt- oder Heißkanalanguss handelt.

Bekannt sind hierzu zwei Vorgehensweisen, das rheologische und das mechanische Ausbalancieren:

- Beim *rheologischen Ausbalancieren* werden die Kanalquerschnitte so dimensioniert, dass die einzelnen Formnester gleichmäßig mit Schmelze versorgt werden. Zu beachten ist hier, dass dies nur für ein bestimmtes Material und bestimmte Prozessparameter ausgelegt werden kann. Die Dimensionierung erfolgt heute in üblicher Weise mit den in Kapitel 7 „Anwendungsmöglichkeiten der Konstruktions- und Simulationstechniken“ beschriebenen Simulationsprogrammen oder, technisch weniger elegant, durch Versuch und Irrtum, eventuell durch Verwendung von einstellbaren Fließhemmnissen.

- Die *mechanische Ausbalancierung* erfolgt über gleiche Fließweglängen im Angusssystem für alle Formnester. Diese ist unabhängig von Material- und Prozessparameterschwankungen.

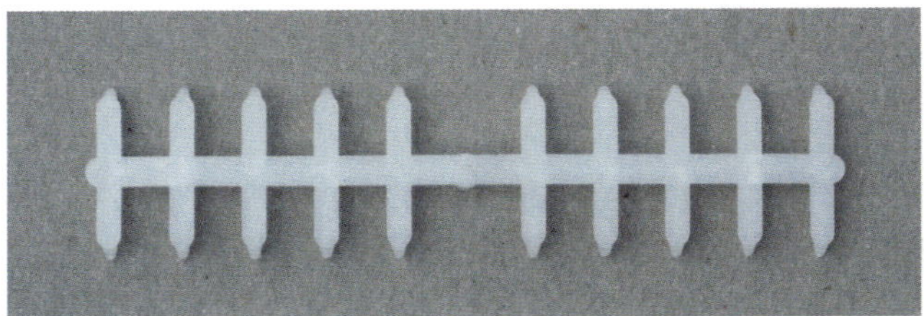

Bild 6.6 Beispiel für einen nicht ausbalancierten Kaltkanalanguss

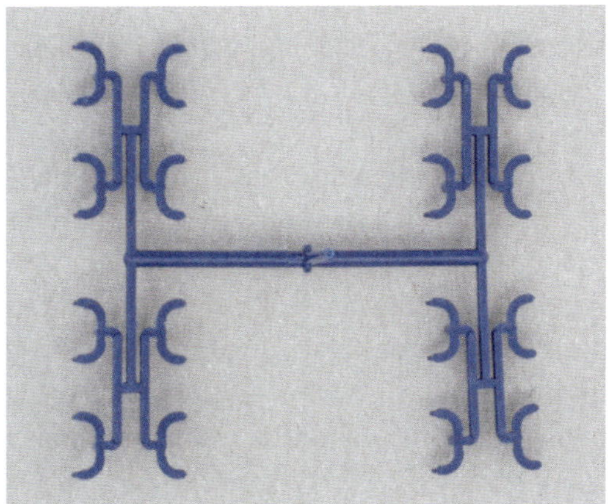

Bild 6.7 Beispiel für einen mechanisch ausbalancierten Kaltkanalanguss

Die Überprüfung der gleichmäßigen Füllung ist auf der Spritzgießmaschine durch mehrere bewusst eingeleitete Teilfüllungen mit unterschiedlichen Füllmengen einfach möglich.

Sogenannte Familienwerkzeuge, also Werkzeuge, in der sich die Konturen für unterschiedliche Formteile befinden, sind für Bauteile mit hohen Maßhaltigkeitsforderungen ungeeignet.

6.6 Relevante Kostenanteile der Werkzeugkosten

Die durch das Formwerkzeug über die Lebenszeit des Werkzeugs beeinflussten Kosten setzen sich aus einer Vielzahl von einzelnen Kostenanteilen zusammen.

- Werkzeugpreis laut Angebot
- Kosten der Betreuung der Werkzeugerstellung- und Freigabe (Konstruktionsbesprechung, Terminkontrolle, Bemusterungen, Teilevermessungskosten)
- Fertigungskosten durch die Länge der Zykluszeit
- Kosten für planmäßige Pflege, Wartungen und Kleinreparaturen (Werkzeugsäuberungen, Austausch von Auswerferstiften, Säubern von Werkzeugentlüftungen und Temperierbohrung)
- Kosten für die Reparatur während der Produktion plötzlich ausgefallener Werkzeugbauteile (Ersatz abgebrochener Schieber- oder Kontureinsätze)
- Kosten für Generalüberholungen (Ersatz von verschlissenen konturbildenden Bauteilen, Führungen und Angusssystemen wie Heißkanälen)

Eine besondere Bedeutung kommt den Kosten zu, die durch plötzlich ausfallende Werkzeuge verursacht werden. Diese generieren oft Folgekosten, welche die Reparaturkosten zum Teil erheblich übersteigen. Lieferunfähigkeiten mit Konsequenzen bis hin zu Produktionsunterbrechungen erzeugen Kosten vom Management der Schadenbegrenzung über die eigentliche Reparatur bis zu den Mehrkosten durch die Mehrarbeit zur Aufholung der ausgefallenen Produktion. Auch dies sind projektbezogene Kosten, welche den entsprechenden Kostenstellen mit dem Ziel der Berücksichtigung bei künftigen Entscheidungen zuzuordnen sind.

Aus den vielen Einflüssen auf den Herstellungspreis eines Werkzeugs soll hier beispielhaft der Zusammenhang zwischen dem Grat der Aufsplittung der konturbildenden Bauteile herausgegriffen werden. In vielen Fällen ist es am einfachsten, schnellsten und am billigsten, wenn die Werkzeugkontur „aus dem Ganzen", also weitgehend aus einem Stück gefertigt wird. Bei besonders billigen Werkzeugen wird oft unter diesem Gesichtspunkt sogar die Kontur von Mehrfachwerkzeugen direkt in die Formplatten gearbeitet. Neben verfahrenstechnischen Nachteilen, wie der ungenügenden Konturentlüftung, ist die Korrektur einzelner Maße extrem erschwert. Die zügigen Reparaturmöglichkeiten im Fall des Abbrechens eines Teils der Kontur sind praktisch nicht vorhanden. Selbstverständlich erzeugt die Herstellung eines jeden Einsatzes, unabhängig von seiner Größe, Kosten. In Firmen, die Stecker in sehr großen Stückzahlen fertigen, wird dies so weit getrieben, dass bruchgefährdete schlanke, hohe Einsätze systematisch als Ersatzteile vorgehalten und im Falle eines Bruchs in sehr kurzer Zeit gewechselt werden.

Es ist also festzustellen, dass der Preis der Werkzeugbeschaffung nur ein Teil der dem Werkzeug zuzuordnenden Kosten ist. Dieser Anteil wird mit zunehmender zu fertigender Stückzahl geringer, bei sehr hohen Stückzahlen nahezu unbedeutend. Qualitätsparameter, wie die mit dem Werkzeug erreichbare Zykluszeit, Qualität der Bauteile, die Ausfallrate und die Reparaturfreundlichkeit bestimmen die Effektivität.

6.7 Zusammenfassung

Fazit: Mit Formwerkzeugen, welche nur mit bestimmten Verarbeitungsparametern in einem zu engen Prozessfenster gerade noch Formteile produzieren, ist die Fertigung von Formteilen mit kleinen Toleranzfeldern nahezu unmöglich.

Auf Grund der Unikatfertigung, der Komplexität und der erforderlichen Präzision beim Bau von Formwerkzeugen ist hier ein gewisses Maß an Vertrauen unverzichtbar. Eine langfristig gewachsene Geschäftsbeziehung ist sehr hilfreich.

Bei der Vergabe von Werkzeugbauaufträgen in andere Länder mit mangelhaften zollrechtlichen Bestimmungen und Rechtsschutzabkommen sollte sich der Investor bezüglich Qualitätsgarantien keine Illusionen machen. Eine völlig andere Herangehensweise ist erforderlich, wenn der Werkzeugbau mit der vollständigen Bezahlung erst nach der endgültigen Freigabe der Kunststoffteile rechnen kann und auch danach für die Funktion des Werkzeugs garantieren muss. Dass dieser Unterschied einen Preisvergleich erschwert, versteht sich von selbst.

Die in diesem Kapitel dargestellten Beispiele sollen exemplarisch zeigen, dass bestimmte Ausstattungsmerkmale eines Werkzeuges die angestrebte Maßhaltigkeit von Formteilen ermöglichen müssen.

Neben der thermischen und rheologischen Ausbalancierung ist hier die mechanische Steifheit und die hinreichend genaue Zentrierung der konturbildenden Werkzeugbauelenente zueinander eine Voraussetzung für das Erreichen der Toleranzforderungen des Kunststoff-Formteils. Dieser Hinweis ist bezüglich der Realisierbarkeit von hochgenauen Kunststoffteilen in der DIN 16742/ISO 20457 aus gutem Grund enthalten.

Es ist sicher nachvollziehbar, dass diese Grundanforderungen an Werkzeuge für hochgenaue Formteile der häufig anzutreffenden Schnäppchenjägerei bei der Werkzeugbeschaffung antagonistisch gegenüber stehen.

Sparsamkeit und Kostenbewusstsein sind ganz sicher unverzichtbare Bestandteile der Betriebsführung.

Eine wirklich auswertbare wirtschaftliche Betrachtung ist aber nur die ehrliche und allumfassende Nachkalkulation am Ende des Projektes unter Erfassung wirklich aller Kostenanteile.

7 Anwendungsmöglichkeiten der Konstruktions- und Simulationstechniken

7.1 Grundlagen der Simulationsrechnungen

Vorrausgeschickt sei hier, dass sich die verbreiteten Simulationssoftwaresysteme überwiegend auf das Verfahren des Spritzgießens konzentrieren. Auf dem Gebiet des Extrusionsblasens gibt es eine Softwareentwicklung eines Institutes, welche das Reckverhalten und die entstehende Wandstärkenverteilung simuliert.

Nachstehend sollen Simulationen der:

- Werkzeugfüllung,
- der Temperierung und
- des Formteilverzuges

diskutiert und Erfahrungen ausgewertet werden.

Grundlage jeglicher Simulationstechniken ist das Aufteilen der realen Formteilgeometrie in Dreiecke. Die Software rechnet die zu berechnenden Werte, zum Beispiel Temperaturen, Drücke, Viskositäten und Längenausdehnungskoeffizienten der Knotenpunkte und ermittelt die Differenz dieses Werts zum benachbarten Knotenpunkt.

Am Anfang der computergestützten Simulation des Spitzgießprozesses wurde mit sogenannten Mittelschalenmodellen, die geometrieabschnittsweise mit Wandstärkenparametern versehen wurden, gearbeitet.

Diese Arbeitsweise erforderte sehr viel Erfahrung bezüglich des angemessenen Abstraktionsgrades im Geometrienachbau für die Simulation.

Die heutigen Simulationssoftwaresysteme können die üblichen 3D-Datensätze verarbeiten. Diese 3D-Datensätze werden mit üblichen Volumenschnittstellen der Simulationssoftware übergeben und im Anschluss vernetzt. Voraussetzung ist natürlich ein geschlossenes Volumenmodell ohne Defekte und dies auch noch nach der Übergabe in die Simulationssoftwaresysteme. Andernfalls müssen Datenfehler mühevoll manuell im Geometrienetz repariert werden, was sehr zeitaufwendig sein kann.

Komfortabler sind in dieser Beziehung Simulationssoftwarepakete, welche als Aufsatz auf ein CAD-Konstruktionssoftwaresystem integriert sind. In diesen Systemen kann die eventuelle Datenreparatur, wenn diese überhaupt auftritt, mit dem vollen

Komfort des CAD-Konstruktionssystems meist sehr viel schneller bewerkstelligt werden. Bei Verwendung von Daten aus dem eigenen CAD-System entfällt natürlich die Datenreparatur.

Die heute üblichen Simulationssoftwaresysteme arbeiten entweder mit einem Zweischalenmodell, auch 2-1/2-D genannt, und einem Wanddickenparameter auf jedem Dreieck, oder mit Tetraedern, somit direkt dreidimensional.

Der Zweischalenmethode werden etwas kürzere Rechenzeiten nachgesagt, der direkt dreidimensionalen Methode eine höhere Rechengenauigkeit. Zur Genauigkeit wird in einem späteren Abschnitt Stellung genommen. Hier soll nur schon mal vorweggenommen werden, dass der Einflussfaktor Mensch auf das Simulationsergebnis erheblich ist.

Alle Simulationsprogramme verfügen über eine Materialdatenbank, in der sich mehrere tausend Datensätze der gebräuchlichsten Kunststofftypen der bekannten Hersteller bzw. Händler befinden. Sollte der betreffende Materialtyp nicht vorhanden sein, ist zu entscheiden, ob auf ein Ersatzmaterial mit ähnlichen Eigenschaften zurückgegriffen, oder das konkrete Material in die Datenbank hinzugefügt werden soll. Hierzu sind ca. fünf Kilogramm des Materials erforderlich, um an einem dafür ausgestatten Institut die erforderlichen *p-v-T*-Daten bestimmen zu lassen.

■ 7.2 Modellaufbereitung

Alle Simulationsprogramme setzen eine mit einer Vielzahl von Dreiecken vernetzte Abstraktion des realen CAD-Modells voraus. Dass hierfür ein sauberes, in Fachkreisen heiles oder auch als geschlossenes 3D-CAD-Modell bezeichnet, eine unbedingte Voraussetzung ist, darauf wurde schon ausführlich hingewiesen.

Dieses Vernetzen wird teilautomatisch interaktiv erzeugt. Der größte Einfluss des Bedieners auf das zu erzeugende Netz, auch Mesh genannt, ist die Festlegung der Größe und damit der Anzahl der Dreiecke. Zu große Dreiecke verfälschen das CAD-Modell in unzulässiger Weise.

Entscheidend für das Simulationsergebnis ist die zutreffende Abbildung der richtigen Wandstärke im Mesh. Ist die Zuordnung der Wandstärke falsch, sind unzutreffende Simulationsergebnisse die logische Folge.

Eine zu feine Vernetzung lässt durch die dann zu hohe Anzahl der Dreiecke die Rechendurchlaufzeiten ins Unermessliche steigen. So kann es dann durchaus sein, dass selbst bei der Verwendung eines sehr hochleistungsfähigen Computers ein Rechenvorgang mehr als einen halben Tag dauert. Da pro Simulation mehrere solch aufwendiger Rechenvorgänge erforderlich sind, wird dies unpraktikabel.

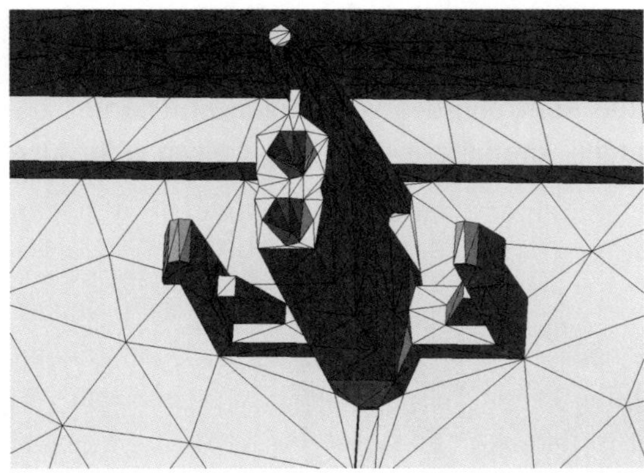

Bild 7.1 Zu grobmaschig vernetztes Modell

Hinzu kommt, dass bei einigen Simulationssystemen die zulässige Anzahl der Dreiecke auf beispielsweise 300 000 begrenzt ist.

Hilfreich ist hier die Möglichkeit einiger Systeme, die erzeugten Netze automatisch zu optimieren. Im Ergebnis dieser Optimierungsrechnungen sind in Geometriebereichen mit großen Krümmungen kleine und in Geometriebereichen mit kleinen Krümmungen oder flachen Bereichen deutlich größere Dreiecke vorhanden. Dies bedeutet eine minimale Anzahl von Dreiecken und somit eine relativ geringe Rechenzeit bei einer hohen Abbildungsgenauigkeit des Geometriemodells.

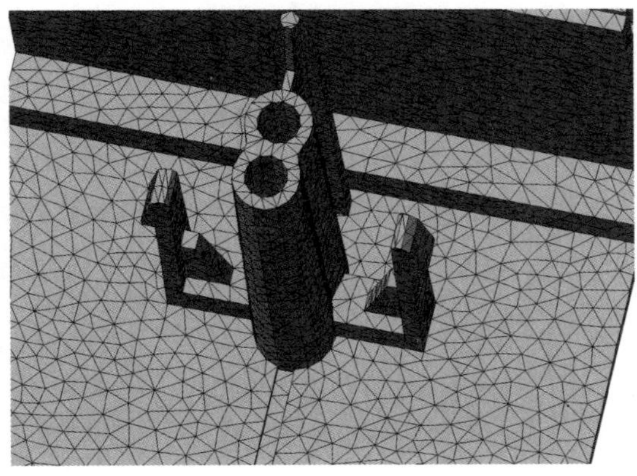

Bild 7.2 Angemessen vernetztes Modell

7.3 Füllsimulation

Die Simulation der Füllung kann mit unterschiedlichem Umfang durchgeführt werden.

In einer vereinfachten Variante kann der Anschnittpunkt bzw. können die Anschnittpunkte einfach nur an den zutreffenden Stellen des Formteils markiert werden.

Für Betrachtungen der prinzipiellen Machbarkeit der Füllung (Druckverlust), der Suche nach dem optimalen Anschnittpunkt bzw. -punkten, der Kontrolle nach Lufteinschlüssen und Bindenähten oder die Kontrolle des vorzeitigen Einfrierens bestimmter Geometriebereiche des Formteils, kann diese Vorgehensweisen völlig ausreichend sein.

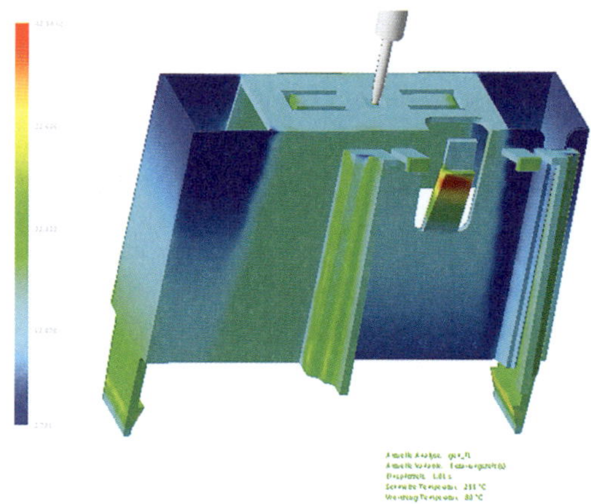

Bild 7.3 Beispiel für ein vorzeitig eingefrorenen Geometriebereich eines Formteils

Bild 7.3 zeigt das zeitliche Ende der Fließfähigkeit der erstarrenden Kunststoffschmelze. Der kastenförmige Bereich des Formteils, unten links, friert deutlich vor dem im Bild linken Rasthaken ein.

Entstehende Einfallstellen, die fließtechnisch hinter diesen Bereichen liegen, lassen sich prozesstechnisch nicht mehr beeinflussen.

Genauer wird die reale Füllung abgebildet, wenn auch die Angusssituation, unabhängig ob es sich um einen Kaltkanal oder einen Heißkanalanguss handelt, mit simuliert wird. Hierfür ist das Vorhandensein der realen Daten der Kaltkanäle, insbesondere der Längen der verschiedenen Teilstücke bzw. die Längen und die Kanalquerschnitte des Heißkanals, Bedingung. Hilfsweise kann hier zunächst mit Annahmen gearbeitet werden, welche dann aber entsprechend gewertet werden müssen.

Bei Verzugssimulationen ist die Einbeziehung der Angusssituation unverzichtbar.

Außer bei einfachen Bauteilen, lohnt die Füllsimulation fast immer. Besonders beachtenswert sind grenzwertig zu füllende Geometriebereiche bei Weiterentwicklungen von Bauteilen, auch wenn es sich nur um geringe Veränderungen handelt. Beispielsweise konnte eine hohe Rippe mit einer geringen Wandstärke bei einer Rippenhöhe von 40 Millimetern problemlos gefüllt werden. Nach dem die Rippenhöhe auf 50 Millimeter vergrößert worden ist, erwies sich die Füllung in der Praxis als unmöglich. Eine Simulationsberechnung hätte dies vor der Werkzeugänderung gezeigt.

Es ist eine geeignete Vorgehensweise, sich dem Füllprozess verfahrensprozesstechnisch anzunähern, noch bevor der Werkzeugbau begonnen hat. Es eröffnet quasi die Möglichkeit, in den Spritzgießprozess „hineinzusehen". Änderungen am Formteil, die sich auf Grund der durch die Simulation erkannten Probleme empfehlen, können jetzt noch mit geringem Aufwand in die Formteilkonstruktion einfließen.

Mit der gebotenen Vorsicht soll hier der Preis für eine Füllsimulation eines durchschnittlichen Formteils von etwa 1000 bis 3000 Euro genannt werden.

Es ist leicht verständlich, dass eine Änderung des fertigen Werkzeugs, inklusive des Werkzeugtransports und der erforderlichen Musterung, diesen Kostenrahmen oft sehr deutlich überschreitet.

■ 7.4 Simulation der Werkzeugtemperierung

Die Simulation der Werkzeugtemperierung, oft fälschlich als Kühlungssimulation bezeichnet, ist heute mit den meisten der angebotenen Simulationssoftwaresysteme möglich, oft mit einem zusätzlich zu erwerbenden Modul.

Die Simulation der räumlich und zeitlich instationären Temperaturausbreitungsprozesse unter der Berücksichtigung der Erstarrungsenthalpie ist durchaus sehr komplex. Sehr umfangreich sind aber auch die erforderlichen Eingaben. Neben der Formteilgeometrie und jeglicher Prozessparameter, wie Massetemperatur, Entformungstemperatur des Formteils, Einspritzzeit, Kühlzeit, Zykluszeit sind ebenfalls eine Vielzahl von Daten relevant, welche erst nach dem Vorliegen der Werkzeugkonstruktion zur Verfügung stehen.

Die konstruktive Aufteilung der einzelnen konturbildenden Werkzeugbauteile, deren Materialien, und vor allem die Lage, Querschnitte, Volumenströme und Temperaturen der Temperiermedien, meistens Wasser, spielen eine einflussreiche Rolle.

Die benötigten geometrischen Daten stehen erst am Ende der Werkzeugkonstruktionsphase zur Verfügung.

In diesem Projektstadium ist die Motivation für eine Simulation oft nicht sehr ausgeprägt. Hinzu kommt der Aspekt, dass der Aufwand für die Simulation der Werkzeugtemperierung den der Füllsimulation sehr deutlich übersteigt.

Weiterhin spielt hier eine wichtige Rolle, dass in der Vergangenheit, als überwiegend mit Wasser, das die in der Firma übliche Kühlwasservorlauftemperatur hatte, gekühlt wurde, zu viel Wärmeabfuhr dem technologischen Prozess geschadet hat. Heute gibt es die Möglichkeit, mit geregelten Temperiergeräten mit mehreren Temperierkanälen die Temperatur gezielt zu beeinflussen. Es muss sichergestellt werden, dass die durch den heißen Kunststoff in das Werkzeug eingebrachte Wärmemenge in der zur Verfügung stehenden Zeit über den Werkzeugkonturwerkstoff mit dem Temperiermedium aus dem Werkzeug abgeführt werden kann.

Dies insbesondere bei sogenannten Hotspots, wie beispielsweise die Innenseiten von Domen. Ob und wo sich Hotspots befinden, lässt sich mit etwas Übung auch aus der Füllsimulation ermitteln. Die quantitative Bewertung lässt selbstverständlich nur die Temperierungssimulationen zu.

All diese Fakten erklären, dass die Temperierungssimulationen sehr viel seltener durchgeführt werden als beispielsweise die Füllsimulationen.

7.5 Verzugssimulation

Spritzgießteile verziehen sich. Das ist mit verschiedenen konstruktiven Maßnahmen am Formteil und am Werkzeug sowie technologischen Einflussmöglichkeiten hinsichtlich der Prozessparameter des Spritzgießprozesses zwar zu minimieren, aber nicht gänzlich zu verhindern.

Die Ursachen liegen in den richtungsabhängigen Schwindungsunterschieden (Schwindungsanisotropie) und gegebenenfalls durch Rückverformung (Relaxation) elastischer Eigenspannungen, die naturgemäß nicht zu verhindern sind. Der Vollständigkeit halber sollen hier auch die schon im Kapitel 6 „Einfluss der Werkzeugkonzeption auf die Maßhaltigkeit" diskutierten Deformationen der Formteile beim Auswerfen aus dem Werkzeug genannt werden. Es versteht sich von selbst, dass diese nicht in Simulationsrechnungen berücksichtigt werden können.

Alle Einflussfaktoren der Simulation des Füll- und des Abkühlverhaltens haben auch Einfluss auf den Verzug der Formteile. Hinzu kommen die Einflüsse der unvermeidbaren Orientierung der Makromoleküle und die Orientierung der Füll- und Verstärkungsstoffe, wenn diese signifikant von der Form einer Kugel abweichen, also eine längliche oder faserige Form haben. Diese Füllstoffe, zum Beispiel Glasfasern, behindern die Schwindung in Richtung ihrer Ausrichtung stark, da der schwindende Kunststoff einen deutlich geringeren E-Modul hat als das Glas. Quer zu Fließrichtung behindern Fasern die Schwindung kaum.

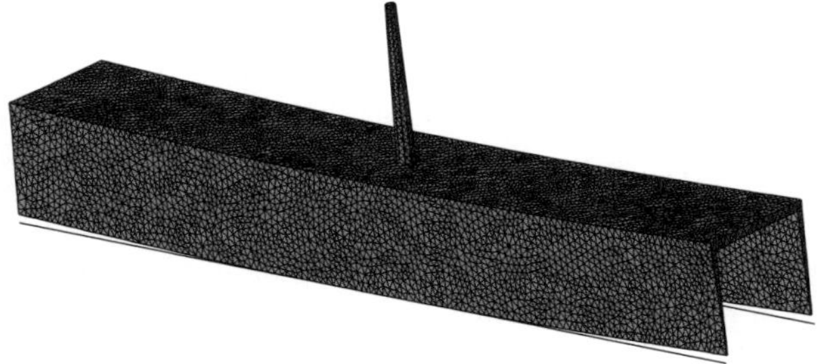

Bild 7.4 Verzug eines vereinfachten Formteils aus ungefülltem Polypropylen

Bild 7.4 zeigt ein zwar der Praxis entnommenes, aber stark vereinfachtes Kunststoffteil, an dem Verzugseffekte sehr gut darstellbar sind.

Die Größe der Schwindung ist abhängig von der Wandstärke des Kunststoff-Formteils. Der Verzug ist durch die große Schwindung im dickwandigen Bereich des Formteils und die sehr geringe Schwindung im dünnwandigen Bereich des Bauteils stark ausgeprägt. Dort erstarrt die Schmelze sehr schnell, während durch die deutlich langsamere Abkühlung im dickwandigen Formteilbereich die Makromoleküle mehr Zeit haben, den energieärmsten Zustand anzunehmen. Damit geht eine Abnahme des spezifischen Volumens einher.

Bild 7.5 Verzug des gleichen Formteils aus demselben Material mit 30 % Kurzglasfasern

Bei dem gleichen Bauteil mit einem glasfasergefüllten Material überwiegt der Effekt der Schwindungsbehinderung durch die Glasfasern. Diese orientieren sich überwiegend in der Fließrichtung der Schmelze, was im Bild 7.6 eindrucksvoll zu erkennen ist.

Durch die beim Spritzgießen auftretende Überlagerung von Quell- und Dehnströmung ist die rechentechnische Erfassung der Orientierung wirklich sehr komplex, zumal diese in den verschiedenen Schichten über die Wandstärke unterschiedlich ist.

Dennoch liefern die modernen Simulationssysteme heute unter fachgerechter Anwendung gut verwendbare Ergebnisse. Qualitativ falsche Ergebnisse sind nicht bekannt.

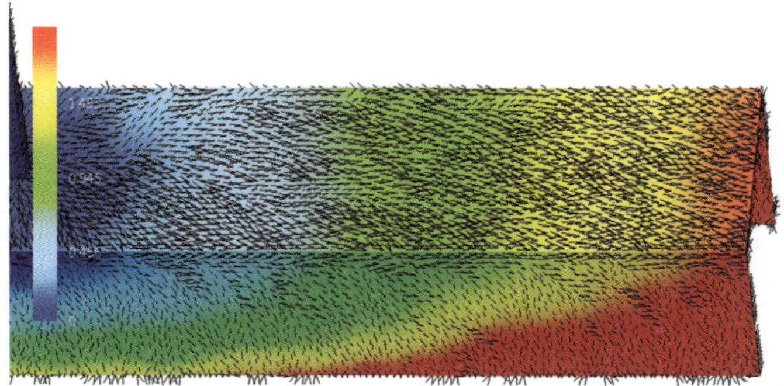

Bild 7.6 Orientierung in einem Formteil

Auch die vergleichende Bewertung, beispielsweise, welche der gegenübergestellten Formteilvariante weniger verzugsanfällig ist, oder ob eine hinzugefügte Rippe den Verzug positiv oder negativ beeinflusst, sind heute sicher möglich.

Die quantitative Bewertung setzt den Sachverstand des erfahrenen Fachmanns voraus, insbesondere, wenn Simulationsergebnisse zur Bombierung der Werkzeuggeometrien dienen sollen.

Auf diese Weise wurden an praktischen Beispielen schon mehrfach sehr verzugsarme Formtele erzeugt.

Hier ist allerdings zur Vorsicht zu raten. Es ist jedoch als großer Fortschritt zu bewerten, wenn Bauteile wie beispielsweise eine Lüfterzarge, die bisher Verzüge von neun bis elf Millimeter aufgewiesen haben, nach Anwendung einer solchen Verfahrensweise noch zwei bis drei Millimeter Verzug aufweisen. Während sich diese Formteile vorher nur mit groben Hilfsmittel und hohem Kraftaufwand montieren ließen, war die Montage mit dem reduzierten Verzug unproblematisch.

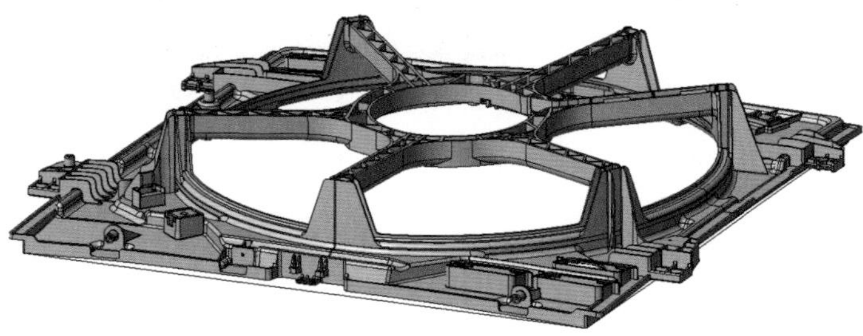

Bild 7.7 CAD-Modell eines bombierten Formteils

Vorgehensweise beim Bombieren von Werkzeugkonturen

Die Simulationsrechnung gibt ein in allen Richtungen verzogenes Formteil aus. Die errechneten Verzüge sind im CAD zu vermessen und zu bewerten.

Anschließend muss manuell das CAD-Modell des Formteils in der entgegengesetzten Richtung partiell verändert werden. Manche Simulationssoftwaresysteme bieten die Möglichkeit, das Verzugssimulationsergebnis invertiert auszugeben, also in entgegengesetzter Richtung verzogen. Dies sieht zwar auf den ersten Blick gut aus, hat aber kaum einen praktischen Wert. Diese Modelle sind dann nahezu umlaufend hinterschnittig, würden sich also nicht oder nur mit ungerechtfertigt großem Werkzeugaufwand entformen lassen.

Es bleibt also bei CAD-technischer Handarbeit, wobei viele CAD-Konstruktionssysteme hier schon komfortable Unterstützungstools bieten.

Mit diesem auf die beschriebene Weise erzeugten CAD-Modell des Formteils sollte dann eine Iterationsrechnung durchgeführt werden, welche unter Umständen mehrfach zu wiederholen ist.

Deutlich hingewiesen werden soll auch auf einen Zwischenweg, bei dem in Auswertung der Verzugssimulationsrechnung festgelegt wird, an welcher Stelle der Werkzeugkontur viel Aufmaß erst einmal darauf gelassen wird, um nach den ersten Musterungen die Möglichkeit des partiellen Nacharbeitens zu haben.

Selbstverständlich kann eine Simulationsrechnung auch ergeben, dass der zu erwartende Verzug die Bauteilfunktion nicht behindert.

Die Kosten der Simulationsrechnungen sind zu den Kosten für die Nacharbeit an den Werkzeugkonturen und den Musterungs- und Vermessungskosten ins Verhältnis zu stellen.

Zu beachten ist hier, dass bei einer Reihe von Formteilen nie die geforderte Qualität erreicht wurde. Auch der Anteil an Werkzeugen, welche nach vielen erfolglosen Musterungen und Tests negiert und neugebaut wurden, ist erstaunlich hoch.

7.6 Bewertung der Simulationsergebnisse

Abwertende Meinungen über Prozesssimulationen und deren Ergebnisse sind immer noch zu hören.

Untersuchungen zu deren Ursachen fördern interessante Aspekte zu Tage.

Genau wie die Bedienung einer Spritzgießmaschine nur zu akzeptablen Ergebnissen führt, wenn der Bediener dazu fähig ist, setzt die Bedienung einer Prozesssimulationssoftware detaillierte Kenntnisse der Kunststoffmaterialien und des Fertigungsverfahrens Spritzgießen voraus.

Während ungünstige Formteilgeometrien, Materialeigenschaften, Temperaturen, Drücke oder Schergefälle beim realen Spritzgießen einfach mehr oder weniger offensichtlich qualitativ ungenügende Formteile erzeugen, errechnet die Simulationssoftware in wiederum einstellbaren Grenzen die Prozessparameter, die erforderlich wären, um dieses Teil herstellen zu können. Wenn die Ergebnisse dann nicht sachkundig ausgewertet werden, lässt sich der größte Unfug computertechnisch begründen und mit beeindruckenden farbigen Darstellungen präsentieren.

Kurz: „Wer nicht spritzgießen kann – kann diesen Prozess auch nicht simulieren."

Analysen von Prozesssimulationen, die von fähigen Leuten durchgeführt wurden und dennoch nicht mit dem Simulationsergebnissen übereinstimmten, hatten nachfolgende Ergebnisse.

Überraschender Weise war in weit über der Hälfte der betrachteten Fälle der Simulation eine andere Formteilgeometrie zu Grunde gelegt worden, als im Werkzeug umgesetzt worden ist. Selbstverständlich verändern auch relativ kleine Abweichungen der Formteilgeometrie die Druck- und Fließverhältnisse signifikant. Als Beispiel sei hier das Hinzufügen einer dünnwandigen hohen Rippe genannt. Bei einer vom Autor selbst durchgeführten Simulation bei zwei bis auf diese Rippe identischen Formteilen hat das Teil mit der Rippe einen um fast 1000 bar höheren Druckbedarf ergeben. Die Simulationsergebnisse sind durch die Praxis bestätigt worden.

Dieser Effekt ergibt sich aus den Fließeigenschaften von Kunststoffschmelzen. Bei strukturviskosen Schmelzen von hochpolymeren Kunststoffen ist im Gegensatz zu newtonschen Flüssigkeiten, wie Wasser, Öl oder Zinkschmelzen, die Viskosität keine Konstante, sondern Funktion der Scherbelastung der Schmelze. Vereinfacht ausgedrückt fließt eine Kunststoffschmelze leichter, wenn diese durch entsprechende Druckbeaufschlagung zum schnellen Fließen gezwungen wird. Umgekehrt steigt die Viskosität bei langsamem Fließen am Ende des Fließweges, da dort ein erheblicher Druckabfall zu verzeichnen ist. Hinzu kommen die thermodynamisch ungünstigen Verhältnisse in dünnen Wänden, da die Wärme der Kunststoffschmelze relativ schnell in die beiden Werkzeugwände abgegeben wird, was zu einer weiteren Erhöhung der Viskosität der Schmelze führt.

In einigen weniger komplexen Fällen lassen sich eventuelle Füllprobleme von Leuten, die den Spritzgießprozess wirklich verstanden haben, durchaus auch ohne rechentechnische Unterstützung oder unter Zuhilfenahme einer einfachen Wandstärkeanalysefunktion, die heute nahezu jedes CAD-System anbietet, herausarbeiten.

In der überwiegenden Anzahl der Fälle ist die Simulation des Prozesses, während der Formteilentwicklung und vor dem Beginn des Werkzeugbaus, eine große Hilfe, um eventuelle Probleme rechtzeitig herauszuarbeiten und bewerten zu können. Es ist die einmalige Möglichkeit, in den Spritzgießprozess „hineinschauen“ zu können.

Zum vieldiskutierten Zutreffen der Simulationsergebnisse mit den praktischen Füllsituationen ist festzustellen, dass die Vielzahl der systematisch durchgeführten vergleichenden Ergebnissen zeigen, die Übereinstimmungsrate erstaulich hoch. Selbstverständlich ist ein ausgeprägtes Prozessverständnis für das Verarbeitungsverfahren unerlässlich. Die von den Simulationssystemen angenommenen verfahrenstechnischen Kennwerte sind auf Sinnhaftigkeit zu prüfen. Eine weitere Quelle für Abweichungen zwischen Simulationsergebnis und den Ergebnissen der Praxis sind Differenzen zwischen den in den Datenbanken der Simulationssysteme und den Eigenschaften der jeweilig verarbeiteten Kunststoffchargen. Hier spielen, neben anderen die Fließfähigkeit beeinflussenden Eigenschaften, insbesondere die Molmassenverteilung des zu verarbeiteten Materials eine entscheidende Rolle. Dieser Einfluss auf die Druckverteilung, die Nachdruckwirkung und damit auf die Verarbeitungsschwindung ist unbestritten. Selbstverständlich schwanken damit auch die Maße der Formteile.

Mehrere kunststofftechnische Institute sind in der Lage für einen überschaubaren dreistelligen Betrag aus einer Materialprobe von weinigen Kilogramm Datensätze zu generieren, welche dann in die Simulationssysteme eingepflegt werden können.

In der Folge wird genau mit den Eigenschaften simuliert, welche das jeweilige Material auch wirklich hat, was der Übereinstimmung zwischen Simulationsergebnissen und den praktischen Ergebnissen sehr dienlich ist. Die heute leider größer gewordene Schwankungsbreite der Eigenschaften zwischen den einzelnen Chargen bleibt davon unbeeinflusst.

8 Fertigungstolerierung nach DIN 16742/ ISO 20457

8.1 Konzeptionelle Grundlagen und Anwendungsbereich der DIN 16742/ ISO 20457

8.1.1 Konzeptionelle Grundlagen

Wesentliche Schwachstellen der DIN 16901 wurden bereits in Abschnitt 1.5 „Stellungnahme zur DIN 16901" benannt. Ausgehend von dieser Einschätzung in Verbindung mit aktuellen Entwicklungstendenzen auf dem Gebiet der geometrischen Tolerierung (z.B. GPS-Normung) wurden für die Neufassung der DIN 16742 die nachstehenden konzeptionellen Grundlagen berücksichtigt.

Praktisch gab es für die gesamte Brache der kunststoffverarbeitenden Industrie keine Normungsgrundlage bezüglich der erreichbaren Maßhaltigkeit. Da Kunststoff-Formteile nicht nur aber insbesondere in der Automobilindustrie und der Elektrotechnik, sondern in sehr vielen weiteren Branchen unverzichtbar sind, war dieser Zustand Quelle und Ursache einer sehr unbefriedigenden Situation zum Nachteil aller Beteiligten.

Um diese Situation zu Entschärfen und das Entstehen einer neuen Norm zu Befördern wurde von den Autoren dieses Buches in enger Abstimmung mit interessierten Mitgliedern des Branchenverbandes Tec-Part unter dem Dach des GKV (Gesamtverband des kunststoffverarbeitenden Industrie) die sogenannte Tec-Part-Broschüre 2008 als Branchenstandard erarbeitet und veröffentlicht. Nach der Neugründung des Arbeitsausschuss „Toleranzen für Kunststoff-Formteile" im FNK des DIN-Instituts 2011 hat sich dieser den Auftrag der Erstellung einer DIN-Norm und der Überführung dieser in eine ISO-Norm, möglichst einer DIN EN ISO-Norm, gegeben. Im Oktober 2013 ist dann die DIN 16742 herausgegeben worden. Im September 2018 wurde die ISO 20457 veröffentlicht, welche auf der Grundlage der DIN erstellt worden ist.

Im ISO sind ca. 150 Länder organisiert. Zur Mitarbeit in der zuständigen Workgroup ISO/TC 61/WG 3 haben sich 29 Länder gemeldet. Es liegt in der Natur der Sache, dass hier Kompromisse zu schließen sind.

Momentan existieren beide Normen nebeneinander, was unproblematisch ist, da Normenanwendung immer freiwillig ist. Da bezüglich der Toleranzzuordnung zwischen DIN 16742 und ISO 20457 Unterschiede bestehen, werden in diesem Kapitel die aktuellen Werte der ISO 20457 angegeben.

Nach der für Ende 2019 geplanten Herausgabe der DIN ISO 20457 wird die DIN 16742 zurückgezogen werden.

DIN 16742 und die IOS 20457 unterscheiden eindeutig zwischen *funktional (konstruktiv) erforderlichen Toleranzen (Funktionstoleranzen)* und *fertigungstechnisch möglichen Toleranzen (Fertigungstoleranzen)*. Inhalt beider Normen sind ausschließlich Fertigungstoleranzen, die konkret durch Verarbeitungsverfahren, Formstoffe und Fertigungsaufwand bestimmt sind. In Abschnitt 2.4 „Toleranzfestlegung" wurden prinzipielle Ausführungen zur Festlegung der Funktionstoleranzen und deren Vergleich mit den Fertigungstoleranzen gemacht.

Die Quantifizierung der Funktionstoleranzen und der daraus abgeleiteten Passungen erfolgt zum Beispiel mit dem international eingeführten Toleranz- und Passungssystem nach DIN EN ISO 286-1; -2. Dabei ist ggf. der Einfluss der Formteilanwendungs- und Montagebedingungen zu berücksichtigen, wie in Kapitel 4 „Maßbezugsebenen für die Anwendung und Fertigung von Formteilen" ausführlich begründet wurde und auch im Anhang A zur DIN 16742/ISO 20457 dargestellt ist.

Einleitend zu allen Vorgängernormen von DIN 16742, so auch in der DIN 16901 (Ausgaben: 1973; 1982), steht unisono folgender Satz:

„Die Toleranzen für Kunststoff-Formteile können nicht den ISO-Grundtoleranzen entnommen werden, da ihre Zuordnung zu den Nennmaßen anderen Gesetzmäßigkeiten unterliegt". ■

Damit wurden die Toleranzen von den ISO-Grundtoleranzen abgekoppelt. Intensiv durchgeführte Recherchen der Autoren haben keinen Beweis hervorgebracht, dass es nicht möglich sein soll, die Toleranzen für Kunststoff-Formteile auf der Basis der ISO-Grundtoleranzen festzulegen. Mit Blick auf die angestrebte ISO-Norm erlangt dieser Fakt eine besondere Bedeutung.

Die den Autoren einzige bekannte Großzahlerfassung von Maßuntersuchungen an Kunststoff-Formteilen über einen längeren Zeitraum in vielen Verarbeitungsbetrieben mit unterschiedlichsten Formteilsortimenten stammt aus der DDR [18]. Auf dieser Grundlage wurden nach den Grundtoleranzgraden (IT9 bis IT17) der DIN EN ISO 286 sogenannte R_F-Klassen mit identischer Zahlenzuordnung für fertigungsbedingte Maßungenauigkeiten in einer Formteiltoleranznorm (TGL 22240) festgelegt. Für Thermoplaste wurde eine Nennmaßabstufung der formmasseabhängigen R_F-Klassen bis 500 mm und eine Klasse höher (ungenauer) bis 1000 mm angesetzt. Entsprechende Duroplastklassen waren verfahrensabhängig teilweise auf kleinere Nennmaßbereiche begrenzt.

Im Vergleich der Toleranzabhängigkeit vom Nennmaß als lineare Funktion mit der Abhängigkeit nach DIN EN ISO 286 ist festzustellen, dass die reale Toleranz-Nennmaß-Funktion zwischen diesen Grenzen liegt. Es kann als gesichert gelten, dass Fertigungstoleranzen für Kunststoff-Formteile mit dem Nennmaß stärker wachsen, als mit der DIN EN ISO 286 erfasst wird. Gleichzeitig ist die Linearisierung eine deutliche Übertreibung dieser Abhängigkeit, vor allem bei großen Nennmaßen. Die Herstellung einer weitgehenden Kompatibilität mit internationalen GPS-Normen, also auch mit DIN EN ISO 286, gehörte zu den wichtigen konzeptionellen Grundlagen zur Erarbeitung der DIN 16742. Bezüglich des Wachstumsgesetzes der Toleranzen wurde daher als Kompromiss die Übernahme der Grundtoleranzen (IT) nach DIN EN ISO 286 mit einer Differenzierung der Geltung für bestimmte Nennmaßbereiche verbunden. Für die ISO 20457 konnte mit drei Nennmaßbereichen eine verbesserte Anpassung an DIN EN ISO 286 im Vergleich mit DIN 16742 erzielt werden.

Es ist definitiv nicht erforderlich, ein spezielles und in der Konstruktionsanwendung ineffektives Toleranzsystem für Kunststoff-Formteile zu kreieren, zumal es sich um eine Vergleichsnorm für Fertigungstoleranzen handelt. Die DIN 16742 ist nicht für die Festlegung von Funktionstoleranzen vorgesehen. ■

Konzeptionell ist im Vergleich mit DIN 16901 der Ersatz einer permanent zu aktualisierenden Formmasseliste durch Typenzuordnung zu den Toleranzgruppen (TG) mittels maßgenauigkeitsrelevanter Eigenschaften vorgesehen. Es geht dabei nicht nur um die Vermeidung einer ständigen Änderung der Normanlage infolge marktabhängiger Angebotsänderungen für Formmassetypen, sondern auch um den zusätzlichen Arbeitsaufwand eines Gremiums zur Einstufung der jeweiligen Formmassen. Diese Einstufungskriterien müssten dann auf Standards reduziert werden, die nur bedingt den realen Einflussfaktoren entsprechen würden. Übrigens wurde die Formmasseliste von DIN 16901 innerhalb von 36 Jahren, und zwar 1982, nur einmal geringfügig ergänzt. Die Verfasser dieses Buches können natürlich nachvollziehen, wie bequem eine solche Formmasseliste für die Anwendung der DIN 16742 wäre. Für die Typenzuordnung werden aber Merkmale definiert, die im Regelfall unproblematisch beschaffbar sind. Darüber hinaus werden spezielle Orientierungshilfen zur Formmassezuordnung zu den Toleranzgruppen in DIN 16742 angeboten. Vordergründig sollen aber dem Nutzer der Norm die wesentlichen Einflussfaktoren auf die Maßhaltigkeit der Kunststoff-Formteile vor Augen geführt werden. Es können dann auch aus dieser Sicht die Auswahlkriterien für Werkstoffentscheidungen spezifiziert werden.

Neben den Kunststoffeigenschaften ist der vom Kunststoffverarbeiter mobilisierbare Fertigungsaufwand hinsichtlich der Maschinenfähigkeit, Prozessstabilität und Qualitätssicherung für die Fertigungsgenauigkeit von grundlegender Bedeutung. Vor allem wird dadurch auch entscheidend das Preis-Leistungs-Verhältnis der Formteile beeinflusst.

Für die Einstufung dieses Aufwandes für das jeweils erforderliche Genauigkeitsniveau aus einer realistischen Analyse des Leistungsvermögens der Formteilhersteller wurden, auch in Anlehnung an SN 277012, vier Toleranzreihen vorgesehen:

- Normalfertigung,
- Genaufertigung,
- Präzisionsfertigung und
- Präzisionssonderfertigung.

Eine spezielle Toleranzreihe für Allgemeintoleranzen ist in DIN 16742 nicht mehr vorgesehen. Sie sind mit der Reihe 1 (Normalfertigung) erfasst. Der Stand der Fertigungstechnik für Werkzeugkonturen macht eine andere Differenzierung überflüssig. In diesem Zusammenhang muss wegen seiner besonderen Bedeutung der teilweise inflationär gebrauchte Begriff Präzisionsfertigung richtig eingeordnet werden. Im Gegensatz zu einigen landläufigen Begriffsverständnissen leitet DIN 16742 die Präzisionsfertigung nicht aus der zahlenmäßigen Kleinheit einer Toleranz her, sondern aus der Anstrengung für eine maßgenaue Fertigung. So gesehen kann eine Toleranz von 0,5 mm für ein Elastomer-Spritzgießteil Präzision bedeuten und für ein gleichgroßes ABS-Teil eine große Ungenauigkeit. Die Einstufung in Toleranzreihen gehört u. U. zu den diffizileren Aufgaben der DIN 16742/ISO 20457, da neben materiellen und organisatorischen Voraussetzungen auch Aspekte der Außendarstellung der Verarbeitungsbetriebe eine Rolle spielen. Hier ist Realismus auch im Sinne einer längerfristigen Auftragsakquise angebracht. Bedauerlicher Weise werden in der Praxis viel zu oft Auftrage an die Lieferanten vergeben, welche in der Angebotsphase nicht auf unrealistisch kleine und damit nicht herstellbare Toleranzen hinweisen. Die unausweichlichen Probleme werden damit in eine spätere Projektphase verlagert und somit nicht kostengünstiger.

Zu den konzeptionellen Grundlagen der DIN 16742 gehören Tolerierungsgrundsätze, wie sie auch in Kapitel 2 „Maßhaltigkeit und geometrische Produktspezifikationen" erläutert wurden. Zur besseren Übersicht soll hier eine Zusammenfassung und Ergänzung erfolgen:

- Es gilt der Grundsatz der Unabhängigkeit nach DIN EN ISO 8015. Abweichungen von diesem Prinzip (z. B. Hüllbedingung) müssen zwischen den Vertragspartnern vereinbart werden.
  Dies ist im Kontext der internationalen Standardisierung alternativlos.
- Formteilzeichnungen bzw. CAD-Datensätze entsprechen der Nenngeometrie. Die Toleranzen werden symmetrisch zur Nenngeometrie als Grenzabmaße angegeben. Asymmetrische Toleranzen an Größenmaßen (z. B. Passmaße) müssen durch formale Nennmaßmodifizierung auf Toleranzmittenmaß in eine symmetrische Toleranzfeldlage umgewandelt werden: $100_{-0,6} \rightarrow 99,7 \pm 0,3$.
- Die Verifikation des Formteils bezüglich Qualitätssicherung ist eindeutig festzulegen. Insbesondere bei nicht formstabilen Teilen ist das Messkonzept von besonderer Bedeutung, siehe auch DIN ISO 10579.

- Wenn nichts anderes vereinbart wurde, dürfen Formteile bei Nichteinhaltung der Allgemeintoleranzen nicht automatisch zurückgewiesen werden, sofern die Funktion nicht beeinträchtigt wird. Der gleiche Wortlaut befindet sich in der DIN ISO 2768, und ist eine Rechtsfolge des Bürgerlichen Gesetzbuches § 459 und somit nicht diskutabel.
- Konstruktiv vorgegebene Neigungsmaßdifferenzen durch Entformungsschrägen sind nicht Bestandteil von Maßtoleranzen sowie von Form- und Lageabweichungen. In der Spezifikation müssen für Funktionsmaße an geneigten Flächen Messpunkte festgelegt werden, um Zweipunktmaße zu definieren.
- Zur Spezifikation von Radien müssen mindestens 90° des Kreissegments als messbare Kontur vorhanden sein. Die Tolerierung von Radien kann alternativ durch Profilformtoleranzen erfolgen.
- Freiformflächen sind mit einer Profilformtoleranz zu spezifizieren. Die Verifikation ist abzustimmen. Ziel hierbei ist es die Geometriebereiche zu vermessen, welche die Funktion maßgeblich beeinflussen.
- Direkt tolerierte Winkel und Kanten sind vereinbarungspflichtig. Alle nicht direkt tolerierten Winkel und Kanten sind bei der Verifikation zu vernachlässigen.
- Trenngrat, Werkzeugversatz und deren Kombination sind bezüglich der Lage der Trennlinien zwischen Abnehmer und Hersteller der Formteile zu vereinbaren.
- Hinsichtlich der Toleranzanalyse von Maßketten sind die Erläuterungen von Abschnitt 2.3 „Wirkzusammenhänge von Maßen (Toleranzanalysen)“ zu beachten.
- Die Vorgehensweise bei der Verifikation von Toleranzen muss eindeutig festgelegt und Bestandteil des Vertrages sein. Es wird empfohlen, den Erstmusterprüfbericht ISIR (engl.: initial sample inspection report) von den Berichten zur laufenden Produktion (Requalifikation) zu trennen. Dabei dürfen die individuellen Toleranzen und die Allgemeintoleranzen oder festgelegte Funktionsprüfungen (z. B. auf Dichtheit, Durchschlagfestigkeit) ein- oder ausgeschlossen werden. Falls im Vertrag nichts anderes angegeben ist, sind nur die individuell angezeigten Toleranzen Gegenstand der Verifikation. (Der letzte Punkt ist nur Inhalt der ISO 20457)

Die Normen sind darüber hinaus für verschiedene Probleme der Tolerierung von Kunststoff-Formteilen mit relativ ausführlichen Hinweisen und Erklärungen versehen. Damit ist für kunststofftechnisch nicht oder weniger ausgebildete Nutzer der DIN 16742 und der ISO 20457 bewusst eine Hilfe beabsichtigt.

8.1.2 Anwendungsbereich

DIN 16742 und die ISO 20547 dient zur Festlegung fertigungstechnisch möglicher Toleranzen (Fertigungstoleranzen) und zum Vergleich mit Funktionstoleranzen, um die Erreichbarkeit einer konstruktiv erforderlichen Maßgenauigkeit zu überprüfen.

Erfasste Toleranzarten: Grenzabmaße für Größenmaße (Zweipunktmaße) als indirekte Tolerierung (Allgemeintoleranzen) und als direkte Tolerierung (Abmaßangabe am Nenngrößenmaß).

Nach einer Festlegung des GOP-Normausschusses sollen direkt tolerierte Maße künftig als individuell tolerierte Maße bezeichnet werden. Übergangsweise wurde dieser Begriff in der ISO 20457 in Klammern dem bisher geläufigen Begriff hinzugefügt.

Zur Tolerierung von Form- und Lageabweichungen mit Profilformtoleranzen und Positionstoleranzen für die direkte Tolerierung durch zylindrische Toleranzzonen.

Verfahrenstechnische Grundlagen: Urformverfahren mit allseitig das Formteil umschließenden Werkzeugen, wie Spritzgießen, Spritzprägen, Spritzpressen und Pressen von nicht porösen Formteilen aus Thermoplasten, thermoplastischen Elastomeren und Duroplasten sowie das Rotationsformen von Thermoplasten. In der ISO-Norm wurden lediglich die genannten Verfahren aufgeführt, da es den Begriff Urformen für die Fertigungshauptgruppe in Englischen so nicht gibt.

Für spezielle Verfahrensvarianten der vorstehend benannten Verfahren ist eine sinngemäße Anwendung der Norm nach Vereinbarung mit dem Formteilhersteller möglich.

Normativ nicht erfasst: Poröse Formstoffe (z. B. Schaumstoffe) sowie andere Verarbeitungs- und Bearbeitungsverfahren. Gleiches gilt auch für Verfahrenskombinationen aus Urform- und Umformverfahren (z. B. Spritzgießblasen, Spritzgießstreckformen). Formteile, die nach dem sogenannten MuCell-Verfahren hergestellt werden, können wie Kompaktkunststoffe eingestuft werden.

Abweichungen von der Formteiloberflächenqualität, wie Einfallstellen, unerwünschte Fließstrukturen und Rauheiten sowie Bindenähte sind nicht Gegenstand der Norm.

Werden Toleranzen außerhalb des Geltungsbereichs der Norm gefordert, sind diese mit dem Formteilhersteller zu vereinbaren und auf der Zeichnung zu spezifizieren.

Es wird als Ziel angesehen sowohl mit schäumenden Verfahren als auch Formteile welche dem Mikrospritzguss zugeordnet werden, mit in die Normen aufzunehmen, sobald hier eine Datengrundlage zur Verfügung steht.

8.2 Grenzabmaße für Größenmaße (Dimensionelle Tolerierung)

8.2.1 Bestimmung der Toleranzgruppen und Toleranzreihen

Die DIN 16742 als auch die IOS 20457 befassen sich konkret mit der Maßbezugsebene der Formteilfertigung, deren Abnahmebedingungen (ABF) ausführlich in Abschnitt 4.1 „Definition der Maßbezugsebenen" beschrieben sind. Desgleichen sind dort die Ursachen für fertigungsbedingte Längenmaßabweichungen und für den Formteilverzug angegeben, die auch summarisch im Anhang F der Norm zu finden sind. Es sei nochmals besonders nachdrücklich auf die Beachtung und einvernehmliche Regelung der ABF bei Vertragsabschluss zwischen Formteilbesteller und Formteilhersteller hingewiesen.

Werkzeugbindung der Formteilmaße

Unterschiedliche Deformationen und Lageabweichungen von Werkzeugteilen infolge von Druckbeanspruchung werden durch die Unterscheidung von werkzeuggebundenen und nicht werkzeuggebundenen Formteilmaßen erfasst. Werkzeuggebundene Maße sind Maße im gleichen Werkzeugteil, während nicht werkzeuggebundene Maße durch das Zusammenwirken unterschiedlicher Werkzeugteile entstehen und dadurch tendenziell größere Maßstreuungen bewirken. Neben der Steifigkeit der Werkzeugkonstruktion haben dabei die Verarbeitungsbedingungen einen bedeutsamen Einfluss. Für die grafische Demonstration entsprechender Maße (*x*) wurde mit den Bild 8.1 und Bild 8.2 eine entsprechende Darstellung aus der DIN 16742 übernommen.

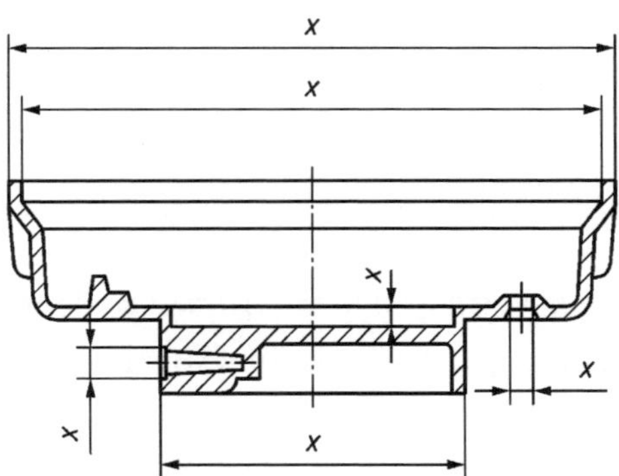

Bild 8.1 Werkzeuggebundene Maße

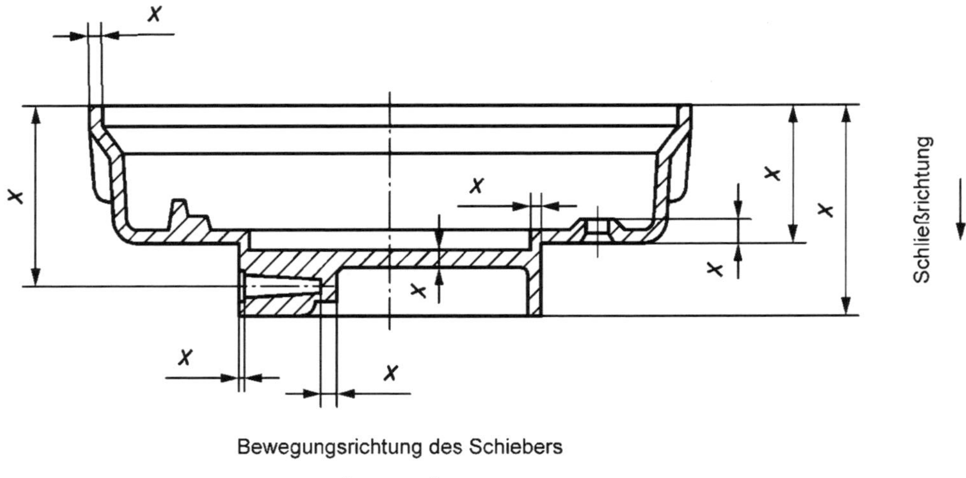

Bild 8.2 Nicht werkzeuggebundene Maße

Bestimmung der Toleranzgruppen (TG)/englisch tolerance grades (TG)

Toleranzgruppen beschreiben in DIN 16742/IOS 20457bei Berücksichtigung des Verarbeitungsverfahrens, der Formmasseeigenschaften und des realisierbaren Fertigungsaufwandes beim Formteilhersteller das voraussichtlich zu erreichende Niveau der Fertigungsgenauigkeit. Die Einstufung erfolgt normativ durch Punktbewertung von fünf wichtigen maßhaltigkeitsrelevanten Merkmalen mit den Einzelpunkten P_1 bis P_5. Die Toleranzgruppe wird mit der Gesamtpunktzahl nach Tabelle 8.1 zugeordnet. In Grenzbereichen der Entscheidungsfindung liegt die Toleranzgruppenzuordnung auch ohne durchgängige Punktbewertung im Ermessen des Nutzers, wobei eine Abstimmung mit dem Formteilhersteller ggf. erforderlich ist.

Tabelle 8.1 Punktezuordnung der Toleranzgruppen (Tabelle 3 in DIN 16742)

TG	TG1	TG2	TG3	TG4	TG5	TG6	TG7	TG8	TG9
P_g	1	2	3	4	5	6	7	8	≥ 9
Gesamtpunktzahl: $P_g = P_1 + P_2 + P_3 + P_4 + P_5$									

Bewertung der Fertigungsverfahren und Formmasseeigenschaften (P1 bis P4)

Die Punktezuordnung entspricht den Bewertungsmatrizen 1 bis 4 nach DIN 16742, die aus [6] für die Norm übernommen wurde. Tabelle 8.2 sind Bewertungsmerkmale und Einzelpunktzuordnungen zusammengestellt.

Bewertung des Fertigungsverfahrens (P_1)

Zur Verfahrensbewertung ist nur festzustellen, dass „Spritzverfahren“ eine größere Fertigungsgenauigkeit als Pressverfahren ermöglichen.

Tabelle 8.2 Punktbewertung der Fertigungsverfahren und Formmasseeigenschaften

Fertigungsverfahren			P_1
Spritzgießen, Spritzprägen, Spritzpressen			1
Formpressen, Fließpressen			2
Formstoffsteifigkeit bzw. -härte			P_2
E-Modul in N/mm²	**Shore D**	**Shore A; IRHD**	
über 1200	über 75	–	1
über 30 bis 1200	über 35 bis 75	–	2
3 bis 30	–	50 bis 90	3
unter 3	–	unter 50	4
Verarbeitungsschwindung (Rechenwert)			P_3
unter 0,5 %			0
0,5 % bis 1 %			1
über 1 % bis 2 %			2
über 2 %			3
Berücksichtigung geometrie- und verfahrensbedingter Schwindungsschwankungen des VS-Rechenwertes			P_4
genau möglich: Abweichungen vom Rechenwert max. ± 10 %			1
bedingt genau möglich: Abweichungen vom Rechenwert max. ± 20 %			2
nur ungenau möglich: Abweichungen vom Rechenwert deutlich über ± 20 %			3

Bewertung des Fertigungsaufwandes (P_2)

Die Einstufung der Formstoffsteifigkeit und -härte bei Beachtung der Ausführungen in Abschnitt 5.4.2 „Steifigkeit und *p-v-T*-Verhalten" ist unproblematisch, da entsprechende Daten immer verfügbar sind (Formmassehersteller, Datenbanken). Es gibt aber grenzüberschreitende Datenangaben, deren Einordnung im Ermessen des Nutzers liegt. Dafür ist dann eine Variantenarbeitsweise notwendig.

Bezüglich der Formstoffsteifigkeit bzw. -härte sei hier ergänzend erwähnt, dass es sich um Kurzzeitwerte des trockenen Materials handelt.

Bewertung des Verarbeitungsschwindung (P_3)

Die Einstufung des voraussichtlichen Rechenwertes der Verarbeitungsschwindung (VS) sollte mit dem Formteilhersteller abgestimmt sein, sofern keine eigenen Erfahrungen des Formteilentwicklers vorliegen. In Abschnitt 5.7 „Richtwerte der Verarbeitungsschwindung für Kunststoffe" steht eine ausführliche Zusammenstellung von Richtwerten der VS für die meisten aktuell eingesetzten Kunststoffe zur Verfügung. Sie sind als ungefähre Orientierungen durchaus eine Hilfe, wenn ansonsten keine konkreten Kenntnisse und Erfahrungen vorliegen. Es sollte aber beachtet werden, dass Schwindungsanisotropie erforderlichenfalls zu berücksichtigen ist. Eine Verminderung der Schwindungsanisotropie bei faserverstärkten Kunststoffen ist durch Abmischung mit körnigen Füllstoffen (Hybridfüllstoffe) möglich, die von Lieferanten angeboten werden. Weitere Hinweise können auch aus Abschnitt 8.5 entnommen werden. Für grenzüberschreitende Datenangaben gelten die gleichen Gesichtspunkte wie bei der Formstoffsteifigkeit und -härte.

Bei Auswahl geeigneter Zusatzstoffe nach Art und Menge sind für alle Kunststoffe beliebige VS-Bereiche erreichbar, sofern die sonstigen Eigenschaftsanforderungen dies zulassen. Das gilt auch für Bereiche unter 0,5 %.

Bewertung des Schwindungsstreuung (P_4)

Die Einschätzung der Schwankungsbreite der VS durch Formteilgestaltung und Verarbeitungseinflüsse ist u. U. ein schwierigeres Problem der Punktezuordnung, welches u. U. auch sehr aufwendige Untersuchungen bis zum Bau eines Prototypenwerkzeugs rechtfertigt. Pauschalen bzw. Festlegungen nach billigem Ermessen verlagern das Problem lediglich in eine spätere Phase des Projektes. Es ist durchaus legitim, zu prüfen ob die angestrebte Toleranz mit $P_4 = 3$ erreicht werden kann. In diesem Fall ist kein weiterer Aufwand zu treiben.

Im Abschnitt 5.5 „Schwindungsverhalten von Kunststoff-Formteilen" wurden Begriffe und Beziehungen zur VS definiert sowie stoffliche und verarbeitungsbedingte Einflüsse auf die VS ausführlich erläutert. Eine Kurzzusammenfassung dieser Einflussfaktoren ist auch in DIN 16742/ISO 20457 als Anhang B verfügbar. Daraus ist abzuleiten, dass vom Formteilhersteller im Zweifelsfall die effektivste Hilfe zu erwarten ist. Die Normen bieten für die Grenzfälle der Punktezuordnung folgende Hinweise an:

- $P_4 = 1$: Rechenwerte der VS sind bekannt, z. B. aus Erfahrungen bisher gefertigter Formteile mit einer vergleichbaren Geometrie und demselben Material, systematischen Messungen oder Computersimulationen. Schwindungsanisotropie ist bedeutungslos oder kann in der jeweiligen Maßrichtung hinreichend genau berücksichtigt werden (was leider praktisch selten möglich ist).
- $P_4 = 3$: Rechenwerte sind nur als grobe Richtwertbereiche bekannt. Schwindungsanisotropie kann nicht ausreichend berücksichtigt werde. Praktische Erfahrungen zum Abschätzen relevanter Rechenwerte sind nicht vorhanden.

Die Auswahl $P_4 = 3$ ist zu treffen, wenn keine konkreten Informationen vorliegen. Nach Festlegung der Zwischensumme aus P_1 bis P_4 sollte überprüft werden, ob die konstruktiv geforderte Toleranz mit Reihe 1 (Normalfertigung) oder auch Reihe 2 (Genaufertigung) erreichbar ist. Im Erfüllungsfall erübrigen sich alle weiteren Betrachtungen zu P_5.

Bewertung des Fertigungsaufwandes (P_5)

Die Realisierung eines erforderlichen Genauigkeitsniveaus der Formteilfertigung erfordert nach DIN 16742 eine Zuordnung zu den Toleranzreihen nach Tabelle 8.3.

Tabelle 8.3 Bewertung des Fertigungsaufwandes nach DIN 16742

Toleranzreihen	P_5
Reihe 1 (Normalfertigung): Fertigung mit Allgemeintoleranzen u. U. realisierbar. Maßhaltigkeitsforderungen bilden keinen besonderen Qualitätsschwerpunkt.	0
Reihe 2 (Genaufertigung): Fertigung und Qualitätssicherung sind auf höhere Maßhaltigkeitsforderungen orientiert.	-1
Reihe 3 (Präzisionsfertigung): Vollständige Ausrichtung von Fertigung und Qualitätssicherung auf die sehr hohen Maßhaltigkeitsforderungen	-2
Reihe 4 (Präzisionssonderfertigung): Wie Reihe 3, aber mit intensivierter Prozessüberwachung.	-3

Die Toleranzreihen 3 und 4 sind immer vereinbarungspflichtig.

Nur unbedingt erforderliche kleine Funktionstoleranzen rechtfertigen den Fertigungsaufwand der Reihen 3 und 4, der mit deutlichem Preisaufschlag abgegolten werden muss. Es muss daher zuerst zwischen Formteilabnehmer und -hersteller Klarheit darüber geschaffen werden, ob die Toleranzforderungen erfüllbar sind. Selbsttäuschungen sind dabei für alle Kooperationspartner schlechte Ratgeber. Es sollten folgende Voraussetzungen mit entsprechender Sachkenntnis überprüft werden:

- Maßhaltigkeitsgerechte Gestaltung und Dimensionierung des Formteils.
- Funktionssicherheit ausreichend steifer sowie thermisch und rheologisch ausbalancierter Werkzeuge.
- Betriebsweise erforderlicher Maschinen und Anlagen durch ausreichend qualifiziertes Bedienpersonal einschließlich Qualitätssicherung.
- Lieferbedingungen der Formmassen bezüglich maßhaltigkeitsrelevanter Eigenschaften, insbesondere der Schwindungsschwankungen.

Zur Unterstützung der Reihenzuordnung sind im Anhang D der DIN 16742 bzw. im Anhang C der ISO 20457 beispielhaft Auswahlkriterien für das Thermoplastspritzgießen aufgeführt.

In Abstimmung mit den Anwendern des Rotationsformens von Thermoplasten wurde für dieses Verfahren die Toleranzgruppe TG9 normativ festgelegt.

Bei Mehrkomponententeilen muss für jedes Material die Toleranzgruppe ermittelt und als separate Allgemeintoleranz angegeben werden (z. B. harte Komponente nach TG5, weiche Komponente nach TG7). Bei materialübergreifenden Größenmaßen ist das ungenauere Material Grundlage der Toleranzfestlegung.

Tabellierung der Kunststoff-Formteiltoleranzen (Tabelle 2 in ISO 20457)

In Abschnitt 8.1.1 „Konzeptionelle Grundlagen“ wurde darauf verwiesen, dass zur Festlegung der Grenzabmaße ($GA = \pm T_F/2$) entsprechende Toleranzen aus DIN EN ISO 286-1 in Abstufung von vier Nennmaßbereichen mit teilweise geringfügigen Rundungen übernommen wurden. Aus Tabelle 8.4 ist die Vorgehensweise zu entnehmen.

Tabelle 8.4 Toleranzgruppen (TG) mit zugeordneten Grundtoleranzgraden (IT) nach DIN EN ISO 286-1

Nennmaßzuordnung in mm	ISO-Grundtoleranzgrade (IT) für werkzeuggebundene Maße								
	TG1	TG2	TG3	TG4	TG5	TG6	TG7	TG8	TG9
1 bis 6	8	9	10	11	12	13	14	15	16
über 6 bis 120	9	10	11	12	13	14	15	16	17
über 120 bis 1000	–	11	12	13	14	15	16	17	18

Die Nennmaßzuordnung in vier Stufen ergab bei der DIN 16742 teilweise, im Vergleich zur Toleranz-Nennmaßfunktion in DIN EN ISO 286, Unstetigkeitsstellen, die bei der dreistufigen Einteilung in ISO 20457 bedeutungslos sind. Auf Grund dessen ist die Tabelle 2 der ISO 20457 im Vergleich der DIN 16742 in geringem Maße modifiziert worden.

Hinsichtlich der Toleranzvergrößerung durch nicht werkzeuggebundene Maße bestanden schon bei Ausgabe der DIN 16901 [17] Meinungsverschiedenheiten. Nimmt man alle diesbezüglichen Extremmeinungen, so geht die Spannweite von einem jeweils höheren Grundtoleranzgrad (60 % Toleranzerhöhung) bis zur vollständigen Vernachlässigung der Werkzeugbindung der Formteilmaße. In DIN 16901 wurde abhängig von den Toleranzgruppen mit Pauschalzuschlägen von 0,1 mm bis 0,2 mm für alle Nennmaße die Toleranzvergrößerung der nicht werkzeuggebundenen Formteilmaße berücksichtigt. Eine solche Pauschalierung ist für sehr große und sehr kleine Maße zumindest problematisch. Der Fachausschuss „Toleranzen für Kunststoff-Formteile“ hat sich für DIN 16742/ISO 20457 auf den Kompromiss geeinigt, die Toleranzerhöhung für nicht werkzeuggebundene Maße durch eine Diagonalverschiebung um eine Nennmaßstufe zu berücksichtigen. Die Abhängigkeit der Grenzabmaße für nicht werkzeuggebundene Maße von der Nennmaßgröße entspricht weitgehend sachlogischen Erwägungen.

Unter Einbeziehung aller vorstehenden Festlegungen wurde die Tabelle 2 in DIN 16742/ISO 20457 erstellt, die auszugsweise für ISO 20457 in Tabelle 8.5 angegeben ist.

Zur Ergänzung der Tabelle 8.5 sind noch einige Anmerkungen zu beachten:

- Als Nenngrößenmaße für Formteilzeichnungen gelten Toleranzmittenmaße ($N_F = C_F$). Zur Tolerierung des Abstandes paralleler Flächen, die sich nicht direkt gegenüberstehen, sondern zueinander versetzt angeordnet sind, ist als Nenngrößenmaß das D_P-Maß nach Abschnitt 7.2 „Geometrische Tolerierung“ der DIN 16742 anzuwenden.
- Maße unter 1 mm und über 1000 mm sind vereinbarungspflichtig.
- Für Allgemeintoleranzen gelten ausschließlich die Grenzabmaße für nicht werkzeuggebundene Formteilmaße.
- Grenzabmaße für Materialdicken (Wanddicken) sind vereinbarungspflichtig.

- Allgemeintoleranzen sind in den Konstruktionsdokumentationen wie folgt anzugeben. Beispiel: DIN 16742: 2013-10 TG6 bzw. ISO 20457: 2018 TG6.
- Nachweis der Maschinen- und Prozessfähigkeit siehe Anhang E der DIN 16742 bzw. Anlage D der ISO 20457.

Tabelle 8.5 Kunststoff-Formteiltoleranzen als symmetrische Grenzabmaße für Größenmaße (Auszug aus ISO 20457)

Toleranz-gruppe		Grenzabmaße *(GA)* in mm für Nenngrößenmaßbereiche in mm												
		1 bis 3	> 3 bis 6	> 6 bis 10	> 10 bis 18	> 18 bis 30	> 30 bis 50	> 50 bis 80	> 80 bis 120	> 120 bis 180	> 180 bis 250	> 250 bis 315	> 315 bis 400	> 400 bis 500
TG1	W	± 0,007	± 0,012	± 0,018	± 0,022	± 0,026	± 0,031	± 0,037	± 0,044	-	-	-	-	-
	NW	± 0,012	± 0,018	± 0,022	± 0,026	± 0,031	± 0,037	± 0,044	± 0,055	-	-	-	-	-
TG2	W	± 0,013	± 0,019	± 0,029	± 0,035	± 0,042	± 0,050	± 0,060	± 0,090	± 0,13	± 0,15	± 0,16	± 0,18	± 0,20
	NW	± 0,019	± 0,029	± 0,035	± 0,042	± 0,050	± 0,060	± 0,090	± 0,13	± 0,15	± 0,16	± 0,18	± 0,20	± 0,22
TG3	W	± 0,020	± 0,030	± 0,05	± 0,06	± 0,07	± 0,08	± 0,10	± 0,15	± 0,20	± 0,23	± 0,26	± 0,29	± 0,32
	NW	± 0,030	± 0,050	± 0,06	± 0,07	± 0,08	± 0,10	± 0,15	± 0,20	± 0,23	± 0,26	± 0,29	± 0,32	± 0,35
TG4	W	± 0,03	± 0,05	± 0,08	± 0,09	± 0,11	± 0,13	± 0,15	± 0,23	± 0,32	± 0,35	± 0,41	± 0,45	± 0,49
	NW	± 0,05	± 0,08	± 0,09	± 0,11	± 0,13	± 0,15	± 0,23	± 0,32	± 0,35	± 0,41	± 0,45	± 0,49	± 0,55
TG5	W	± 0,05	± 0,08	± 0,11	± 0,14	± 0,17	± 0,20	± 0,23	± 0,36	± 0,50	± 0,58	± 0,65	± 0,70	± 0,78
	NW	± 0,08	± 0,11	± 0,14	± 0,17	± 0,20	± 0,23	± 0,36	± 0,50	± 0,58	± 0,65	± 0,70	± 0,78	± 0,88
TG6	W	± 0,07	± 0,12	± 0,18	± 0,22	± 0,26	± 0,31	± 0,37	± 0,57	± 0,80	± 0,93	± 1,05	± 1,15	± 1,25
	NW	± 0,12	± 0,18	± 0,22	± 0,26	± 0,31	± 0,37	± 0,57	± 0,80	± 0,93	± 1,05	± 1,15	± 1,25	± 1,40
TG7	W	± 0,13	± 0,20	± 0,29	± 0,35	± 0,42	± 0,50	± 0,60	± 0,90	± 1,25	± 1,45	± 1,60	± 1,80	± 2,00
	NW	± 0,20	± 0,29	± 0,35	± 0,42	± 0,50	± 0,60	± 0,90	± 1,25	± 1,45	± 1,60	± 1,80	± 2,00	± 2,20
TG8	W	± 0,20	± 0,30	± 0,45	± 0,55	± 0,65	± 0,80	± 0,95	± 1,40	± 2,00	± 2,30	± 2,60	± 2,85	± 3,15
	NW	± 0,30	± 0,45	± 0,55	± 0,65	± 0,80	± 0,95	± 1,40	± 2,00	± 2,30	± 2,60	± 2,85	± 3,15	± 3,50
TG9		± 0,48	± 0,75	± 0,90	± 1,05	± 1,25	± 1,50	± 2,25	± 3,15	± 3,60	± 4,05	± 4,45	± 4,90	± 5,40

W: werkzeuggebundene Maße
NW: nicht werkzeuggebundene Maße
Für TG9 ist die Differenzierung von W- und NW-Maßen nicht erforderlich.

8.2.2 Einfluss von Recyclatzusätzen auf die Fertigungsgenauigkeit von Thermoplastformteilen

Der Einfluss von Recyclatzusätzen auf die Fertigungsgenauigkeit von Thermoplastformteilen wird kontrovers diskutiert. Es überwiegt die Meinung, bei hohen Maßhaltigkeitsanforderungen kein Recyclat zu verwenden. Diese Ansicht wird im Eigeninteresse von den Herstellern der Originalformmassen unterstützt. Jahrzehntelang schwebt das Damoklesschwert der „20 %-Maximalzusatzgrenze" über dem verunsicherten Kunststoffverarbeiter, obwohl keine wissenschaftliche und praktische Grundlage zur Verallgemeinerung solcher Zusatzgrenzen besteht. Da in DIN 16742 zu diesem Problemkreis eine ausführliche Erläuterung nicht möglich war, sollen hier einige Hinweise gegeben werden.

Der Verfasser hat zur Problematik der Eigenschaftsbeeinflussung durch Recyclatzusätze zu Originalmaterial (Blendstrategie) in geschlossenen Stoffkreisläufen bereits 1963 ein mathematisches Modell entwickelt, das experimentell überprüft wurde [20]. Nachfolgend wurde das Modell an vielen Eigenschaften und Thermoplasten, auch im Auftrag von Firmen, untersucht und verifiziert. Das theoretische Modell konnte umfassend bestätigt [21] und als Computersoftware zu Verfügung gestellt werden [22].

Zur Erklärung der Funktionsweise des Modells sei der einfachste Fall eines geschlossenen Stoffkreislaufs nach Bild 8.3 vorausgesetzt.

Bild 8.3 Recyclatrücklaufmodell

Zur mathematischen Beschreibung dieses Stoffkreislaufs sind zwei Prinzipe zu quantifizieren:

1. Verdünnungsprinzip: Alle Anteile der Mischung aus Recyclat und Originalmaterial lassen sich in Abhängigkeit von den Verarbeitungsdurchläufen berechnen. Die Anteile mit der größten thermischen und mechanischen Schädigung nehmen dabei überproportional bis zur Bedeutungslosigkeit ab.

2. Additionsprinzip: Alle speziellen Eigenschaften der Anteile mit unterschiedlicher Schädigung werden durch eine experimentell zu bestimmenden Masterkurve bei 100 % Recyclateinsatz als Funktion der Verarbeitungsdurchläufe erfasst und nach jeweils zutreffenden Eigenschaftsadditionsregeln entsprechend der jeweiligen Anteile miteinander verknüpft.

In Bild 8.4 ist in einer schematischen Grafik das Modell ausgewertet.

Mit wechselnden Recyclatanteilen (ψ_R) wird der Grenzrecyclatanteil (ψ_{RG}) gesucht, bei dessen Einhaltung oder Unterschreitung für beliebig viele Verarbeitungsdurchläufe ein Eigenschaftsgrenzwert E_G nicht unterschritten bzw. überschritten wird.

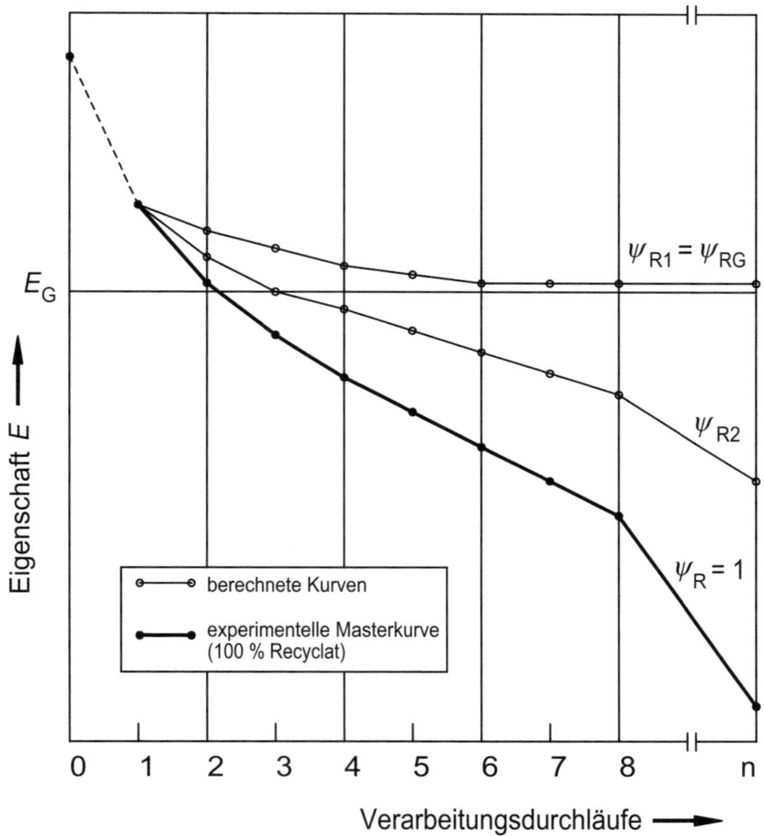

Bild 8.4 Kurvenverläufe des Recyclatmodells

Im Ergebnis dieser Untersuchungen lässt sich verallgemeinern, dass für die meisten Eigenschaften erheblich größere Recyclatzusätze als 20 % zulässig sind. Dies gilt auch für die Fertigungsgenauigkeit, die bezüglich stofflicher Eigenschaften in erster Linie von Schwindung und Steifigkeit (z. B. E-Modul) bestimmt wird. Bei den Einschätzungen und Vergleichen werden jeweils konstante Verarbeitungsbedingungen vorausgesetzt.

Wenn keine Stoffanisotropie vorliegt, verändert sich die Formstoffsteifigkeit selbst bei sehr hohen Recyclatzusätzen nicht. Nennenswerte Änderungen würden auf die existenzbedrohende Zersetzung des Kunststoffes hindeuten, wie z. B. durch thermische Überbeanspruchung bei der Verarbeitung. Im Falle merklicher Anisotropie (z. B. bei Glasfaserverstärkung) wird infolge Verkürzung der Glasfasern durch die

Fließvorgänge die Anisotropie mehr oder weniger ausgeglichen, wodurch die Fertigungsgenauigkeit tendenziell positiv beeinflusst wird.

Für die Verarbeitungsschwindung gelten annähernd die gleichen Aussagen wie für die Formstoffsteifigkeit. Es ist allerdings bei der Verarbeitungsschwindung (VS) deren Abhängigkeit vom Fließverhalten zu beachten, wie in Abschnitt 5.5.2 „Beeinflussung der Verarbeitungsschwindung beim Thermoplastspritzgießen" erläutert wurde. Infolge des Molekülabbaus bei zunehmenden Verarbeitungsdurchläufen nimmt die Fließfähigkeit der meisten Thermoplaste signifikant zu.

Eine Einschränkung der Recyclatverarbeitung bezüglich Fertigungsgenauigkeit und anderer Anforderungen liegt bei der sogenannten 100%-Strategie. In diesem Fall muss unbedingt eine Qualitätsüberwachung und -sicherung des verwendeten Recyclats gewährleistet werden. Dies gilt insbesondere auch bei Bezug des Recyclats aus Recyclingbetrieben.

Fazit: Größere Recyclatzusätze (deutlich über 20%) sind bei höheren Anforderungen an die Fertigungsgenauigkeit der Formteile prinzipiell möglich, wenn der Recyclatanteil relativ konstant gehalten wird und die Verarbeitungsbedingungen auf diese Materialzusammensetzung abgestimmt sind. Bei Bezug von Fremdrecyclat ist dessen Qualität zu gewährleisten.

Abschließend soll auf Formteilanforderungen hingewiesen werden, wo Recyclateinsatz wirklich kritisch ist:

- Bei hohen Anforderungen in optisch visueller Hinsicht (Farbreinheit, Transparenz).
- Bei Gefahr der Spannungsrissbildung, insbesondere bei Werkstoffen mit ausgesprochener Versprödungsneigung (z. B. amorphe Thermoplaste).
- Bei Entstehung bzw. Rückbildung von toxikologisch u./o. organoleptisch bedenklichen Stoffen (z. B. Lactam bei PA6).
- Bei Einsatz spezieller Flammschutzmittel, da die brennbarkeitsmindernde Wirkung u. U. vollständig verloren geht.

8.3 Positions- und Profilformtolerierung (Geometrische Tolerierung)

Im Vergleich zu DIN 16901 wurde die DIN 16742 und die ISO 20457 um ausgewählte Themen der Form- und Lagetolerierung von Kunststoff-Formteilen erweitert. Es handelt sich um Profilform- und Positionstoleranzen nach DIN EN ISO 1101 und DIN EN ISO 5458 in einem Bezugssystem nach DIN EN ISO 5459. Alle Profilform- und Positionstoleranzen sind mit dem Formteilhersteller zu vereinbaren. Es sei nochmals darauf verwiesen, dass Positionstoleranzen nur für die direkte Tolerierung gelten. Es muss verhindert werden, dass praktisch beliebig viele Maße der Geometrie des Formteiles ohne direkten Bezug zur Funktion des Bauteils gemessen werden. Dies generiert völlig sinnlose Kosten. Die Festlegung welche Geometrien maßlich überprüft werden, obliegt ausschließlich der Formteilentwicklung nach der systematischen Analyse der Funktion des Bauteils.

Bei sehr vielen Kunststoff-Formteilen ist die DIN EN ISO 10579 anzuwenden, da diese nicht formsteif sind. Ausführlich wurde diese Thematik im Kapitel 3 dieses Buches behandelt.

Ein Bauteil kann ein oder mehrere Bezugssysteme haben. Zur Bestimmung der Profilform- und Positionstoleranz ist die weiteste Entfernung des tolerierten Elements zum Ursprung des bei der Profilform- und Positionstolerierung verwendeten Bezugssystems (D_P-Maß) zu verwenden. Dies muss nicht mit dem Koordinatensystem vom Bauteil bzw. aus dem Zusammenbau übereinstimmen. Das D_P-Maß ist das Nennmaß zur Festlegung der Positionstoleranz nach Tabelle 9 und der Profilformtoleranz nach Tabelle 10 der DIN 16742 bzw. der ISO 20457.

Die Tabelle 9 in der DIN 16742 bzw. der ISO 20457 enthält Durchmesser zylindrischer Toleranzzonen für D_P-Maßbereiche zur Tolerierung von Positionstoleranzen. Auf eine Wiedergabe dieser Tabelle soll hier verzichtet werden, da sich der Toleranzdurchmesser der Positionstoleranz bei Beachtung einer sinnvollen Rundung aus der Tabelle 2 in DIN 16742 bzw. der ISO 20457 wie folgt ergibt: 2 $GA \times \sqrt{2}$.

Für Allgemeintoleranzen von Profilformflächen sind die Toleranzwerte t aus Tabelle 8.7 in Abhängigkeit vom D_P-Maß zu entnehmen.

Tabelle 8.6 Allgemeintoleranzen für Profilformen (Tabelle 10 in DIN 16742/ISO 20457)

D_P-Nennmaß in mm	bis 30	über 30 bis 100	über 100 bis 250	über 250 bis 400	über 400 bis 1000
Toleranzwert t in mm	0,5	1	2	4	6

Berücksichtigung der Formmasseeigenschaften nach Abschnitt 8.2.1 für den Geltungsbereich der Profilformtoleranzen: $P_2 = 1$ und $P_3 + P_4 \leq 3$

8.4 Beispiele für die dimensionelle Tolerierung

Alle nachfolgenden Beispiele können mit den Angaben und Erläuterungen zur DIN 16742 und den jeweiligen Aufgabenstellungen nachvollzogen werden. Erforderliche Variantenvergleiche kann der Leser nach Bedarf durchführen.

1. Beispiel

Für den Wäschespinnenstern nach Abschnitt 4.3 „Demonstrationsbeispiel für den Übergang der Maßbezugsebenen" sind der Innendurchmesser für das Eindrücken der Rändelbuchse d = 12,7 mm und der Innendurchmesser für die Spielpassung zum Standrohr D = 51,2 mm für die Formteilzeichnung zu tolerieren. Als Formmassen sind PE-HD (0,95 bis 0,96 g/cm^3) und PA6 (spritztrocken) zu berücksichtigen. Die angegebenen Bereiche der Verarbeitungsschwindung (VS) entstammen aus Messungen an ähnlichen Spritzgussteilen. Alle Maße sind werkzeuggebunden. Recyclateinsatz für das Formteil ist ggf. vorgesehen.

Merkmale	PE-HD	PA6
Spritzgießen	P_1 = 1	P_1 = 1
E-Modul in N/mm^2	1100 bis 1300: P_2 = 1	2800 bis 3000: P_2 = 1
VS_R in %	2,9: P_3 = 3	1,6: P_3 = 2
VS-Bereich in %	2,7 bis 3,1: P_4 = 1	1,4 bis 1,8: P_4 = 2
Normalfertigung (W)	Reihe 1: P_5 = 0	Reihe 1: P_5 = 0
P_g (TG)	6 (TG6)	6 (TG6)

Mit den Durchmessernennmaßen ist aus Tabelle 2 DIN 16742 folgende Tolerierung für beide Formmassen festzulegen: d = 12,7 ± 0,22 mm und D = 51,2 ± 0,37 mm. Allgemeintoleranzen folgen auch aus TG6, aber für NW-Maße.

2. Beispiel

Der Verschlussdeckel eines Lebensmittelzerkleinerers soll aus PC durch Spritzgießen gefertigt werden. Der Innendurchmesser (werkzeuggebunden) ist auf der Passteilzeichnung mit 157^{+04} mm toleriert. Es ist die fertigungstechnische Realisierbarkeit zu überprüfen. Nach der Nennmaßmodifizierung für die Formteilzeichnung ergeben sich 157,2 ± 0,2 mm.

Mit der Reihe 2 ist aus Tabelle 2 DIN 16742 das geforderte Grenzabmaß ±0,2 mm ohne Vereinbarungspflicht realisierbar. Für Allgemeintoleranzen gilt TG4.

Merkmale	P_i
Spritzgießen	$P_1 = 1$
E-Modul: 2200 bis 2400 N/mm²	$P_2 = 1$
VS_R = 0,6 %	$P_3 = 1$
VS-Bereich: 0,5 bis 0,6 %	$P_4 = 1$
Genaufertigung (Reihe 2)	$P_5 = -1$
P_g (TG)	3 (TG3)

3. Beispiel

Für ein ABS-Spritzgussteil ist ein funktionswichtiges Formteilmaß mit 96 ± 0,2 mm toleriert. Auf Grund noch nicht entschiedener Werkzeuggestaltungsvarianten kann das Maß werkzeuggebunden oder nicht werkzeuggebunden sein. Die fertigungstechnische Realisierbarkeit ist zu überprüfen. Fachleute des Verarbeitungsbetriebes halten die Realisierung einer Präzisionsfertigung bei Bedarf für möglich.

Merkmale	P_i
Spritzgießen	$P_1 = 1$
E-Modul: 2500 N/mm²	$P_2 = 1$
VS_R = 0,6 %	$P_3 = 1$
VS-Bereich: 0,5 bis 0,7 %	$P_4 = 2$
Präzisionsfertigung (Reihe 3)	$P_5 = -2$
P_g (TG)	3 (TG3)

Grenzabmaße nach Tabelle 2 DIN 16742: W-Maß ± 0,15 mm; NW-Maß ± 0,2 mm. Allgemeintoleranz mit TG5.

4. Beispiel

Der tolerierte Wellendurchmesser eines Passteils für Messgeräte soll durch Spritzgießen aus POM als werkzeuggebundenes Maß gefertigt werden. Aus der Passteilzeichnung folgt: $1{,}3_{-0{,}02}$ mm. Aufgrund seiner Ausrüstungen und Erfahrungen für Präzisionsteile der Feinwerktechnik erfüllt der Spritzgussbetrieb die Anforderungen von Reihe 3 und Reihe 4. Die Verarbeitungsschwindung (VS) liegt erfahrungsgemäß für ähnliche Teile im Bereich 1,5 bis 1,7 %.

Die Nennmaßmodifizierung für die Formteilzeichnung ergibt: 1,29 ± 0,01 mm.

Das Grenzabmaß nach Tabelle 2 DIN 16742 ist ± 0,013 mm. Damit ist die Forderung geringfügig überschritten. Es sei erwähnt, dass für solche Fälle mit POM-Spritzgussmassen IT8 (± 0,007) erreicht wurde.

Merkmale	P_i
Spritzgießen	$P_1 = 1$
E-Modul: 3000 N/mm²	$P_2 = 1$
VS_R = 1,6 %	$P_3 = 2$
VS-Bereich: 1,5 bis 1,7 %	$P_4 = 1$
Präzisionssonderfertigung (Reihe 4)	$P_5 = -3$
P_G (TG)	2 (TG2)

5. Beispiel

Für ein Spritzgussteil aus dem thermoplastischen Elastomer SEBS soll die fertigungstechnisch realisierbare Toleranz im Fall der Normalfertigung (Reihe 1) für das Nennmaß 185 mm bestimmt werden. Auf Grund ausgeprägter Schwindungsanisotropie ist mit einem Schwindungsbereich von 1 bis 2 % zu rechnen.

Merkmale	P_i
Spritzgießen	$P_1 = 1$
Shore A: 42	$P_2 = 4$
VS_R = 1,5 %	$P_3 = 2$
VS-Bereich: 1 bis 2 %	$P_4 = 3$
Normalfertigung (Reihe 1)	$P_5 = 0$
P_g (TG)	10 (TG9)

Die Unterscheidung von W- und NW-Maßen entfällt: 185 ± 3,6 mm.

6. Beispiel

Ein Duroplastpressteil aus UP802 hat das tolerierte Funktionsmaß 30 ± 0,2 mm, welches werkzeuggebunden ist. Aufgrund der zurückhaltenden Preisvorstellungen des Formteilabnehmers möchte der Hersteller den Fertigungsaufwand auf Reihe 1 begrenzen. Ist dies realistisch?

Merkmale	P_i
Formpressen	$P_1 = 2$
E-Modul: über 10 000 N/mm²	$P_2 = 1$
VS_R = 0,35 %	$P_3 = 0$
VS-Bereich: 0,3 bis 0,4 %	$P_4 = 2$
Normalfertigung (Reihe 1)	$P_5 = 0$
P_g (TG)	5 (TG5)

Das Grenzabmaß nach Tabelle 2 DIN 16742 ist ± 0,17 mm. Toleranzforderungen sind mit Reihe 1 realisierbar. Allgemeintoleranz nach TG5.

7. Beispiel

Die formgepresste Halbkugelschale aus PF74 soll als Lager für das Drehgestell einer E-Lok eingesetzt werden. Der Radius ist mit $140_{-0,2}$ mm bemaßt. Die fertigungstechnische Realisierbarkeit des nicht werkzeuggebundenen Maßes ist zu analysieren. Die Nennmaßmodifizierung für die Formteilzeichnung ergibt: 139,9 ± 0,1 mm.

Merkmale	P_i
Formpressen	$P_1 = 2$
E-Modul: über 6000 N/mm²	$P_2 = 1$
$VS_R = 0{,}25\,\%$	$P_3 = 0$
VS-Bereich: 0,2 bis 0,3 %	$P_4 = 2$
Präzisionssonderfertigung (Reihe 4)	$P_5 = -3$
P_g (TG)	2 (TG2)

Mit dem Grenzabmaß ± 0,15 mm nach DIN 16742 bzw. der ISO 20457 sind die Toleranzforderungen trotz großen Aufwandes nicht erfüllbar. Normen stellen den allgemein anerkannten Stand der Technik da. Auch wenn es unter Umständen schwer fällt diesem Gedanken zu folgen, es gibt Dinge welche schlicht unmöglich sind, so vordringlich deren Erfüllung auch erscheinen mag. Dazu gehört ganz sicher auch die prozesssichere Herstellung von Toleranzen einer bestimmten Kleinheit.

Für ein Abstimmungsgespräch mit der Formteilenwicklung sollten u. a. folgende Fragen geklärt werden:

- Ist die geforderte Toleranz funktional wirklich erforderlich?
- Könnte ggf. ein Formteilrohling spanend nachbearbeitet werden?
- Falls es keine andere Möglichkeit gibt, muss nach einer anderen konstruktiven Lösung gesucht werden, welche mit technologisch beherrschbaren Toleranzen realisierbar ist.
- Zur Reduzierung des Maßkontrollaufwandes können 3 bis 4 Vertretermaße (z. B. Formteilaußenmaße) als Grundlage der laufenden Qualitätskontrolle dienen. Falls eine merkliche Richtungsabhängigkeit der Verarbeitungsschwindung zu erwarten ist, sollte dies bei der Festlegung der Vertretermaße berücksichtigt werden (z. B. bei glasfaserverstärkten Kunststoffen).
- Fertigungstoleranzen von Wanddicken müssen mit dem Formteilhersteller vereinbart werden. Um eine realistische Zuordnung der maßgebenden Toleranzgruppe für Vergleichszwecke zu finden, muss die rechnerische Verarbeitungsschwindung etwa verdoppelt werden.
- Für alle thermoplastische Kunststoffe ohne Füll- und Verstärkungsstoffe können die Verarbeitungsschwindungsbereiche durch Strukturkomponenten bzw. Kunststoffbeispiele wie folgt zugeordnet werden: Tabelle 8.7

Tabelle 8.7 VS-Bereiche

Struktur	Glastemperatur T_g in °C	VS-Bereich in %	Kunststoffbeispiele (Kurzzeichen)
mesomorph	-	unter 0,5	LCP
amorph	über 30	unter 0,5	PETam.
		0,5 bis 1	PS, SMS, SB, SAN, ABS, ABSA, MABS, ASA, (ABS + PC), (ASA + PC), PMMA, PMMA-HI, MBS, PVK, MMAS, SMAH, SMAB, ANMA, EVAL, COC, PC, PEC, (PPE + SB), PSU, PPSU, (PSU + ABS), PESU, CA, CP, CAB, EC, PEI, (PEI + PC), PA6-3-T, PA6I, PA6I/6T, PVC-U, PVC-C, PVC-HI, VCVAC, VCA
	unter 15	1 bis 2	PVC-P, TPS
		über 2	PVC-P (w), TPS (w)
teilkristallin	über 30	1 bis 2	PA6, PA66, PA6/66, PA66/6, PA46, PA610, PA612, PA11, PA12, PA6I/6T, PAMXD6, PA6/6T, PA6I/PA6T, PET, PBT, (PBT + PET), PPS, VDCVC, PAEK (z. B. PEEK), PCTFE
		über 2	PVDF, ECTFE, PFA, ETFE, FEP
	unter 15	1 bis 2	PE, PP, PB,PMP, EIM, EA, EVAC, TPV (EPDM-X + PP), PA6-P, PA66-P, PA11-P, PA12-P, POM, TPC, TPA, TPU, TPO
		über 2	PE (c), PB (c), PP (c), PMP (c), POM (c), PA12-P (w)

Zusätzliche Kennzeichnung der Kunststoffe: (c) hochkristallin, (w) besonders weich

9 Literatur

[1] *Hoischen, H.; Hesser, W.:* Technisches Zeichnen. Cornelsen Verlag, 2011

[2] *von Praun, S.:* Toleranzanalyse nachgiebiger Baugruppen im Produktentstehungsprozess. Dissertation TU München, 2002

[3] *Starke, L.; Meyer, B.-R.:* Toleranzen, Passungen und Oberflächengüte in der Kunststofftechnik. Carl Hanser Verlag, 2. Auflage 2004

[4] *Meyer, B.-R.:* Maßtoleranzbestimmung und Passungsberechnung für Kunststofferzeugnisse. Lehrbrief der Ingenieurschule Fürstenwalde, 1991

[5] *Meyer, B.-R.:* Maßhaltigkeitsnachweise für Kunststoffkonstruktionen. Studien- und Arbeitsblätter (Loseblattsammlung). TH Wildau, 2002

[6] *Meyer, B.-R.; Falke, D.:* Formteilentwicklung und Werkzeugbau - Grundsätze der Konzeption und Tolerierung. TecPart-Richtlinie, Gesamtverband derkunststoffverarbeitenden Industrie (GKV), 2009

[7] *Neumann, F.; Meyer, B.-R.:* PolTolerances - Software zur Bestimmung von Toleranzen nach DIN16742. Makrolar GbR Berlin, 2012

[8] *Bohn, M.; Hetsch, K.*: Toleranzmanagement im Automobilbau. Carl Hanser Verlag, 2013

[9] *Bohn, M.; Hetsch, K.*: Funktionsorientiertes Toleranzdesign. Carl Hanser Verlag, 2016

[10] *Bohn, M.*: Toleranzmanagement im Entwicklungsprozess. Dissertation TU Karlsruhe, 1998

[11] *Meyer, B.-R.:* Werkstoffkunde der Kunststoffe. In: Saechtling-Kunststofftaschenbuch, Carl Hanser Verlag, 26. Ausgabe ff. 1995

[12] *Meyer, B.-R.; Broy, W.:* Neue Variante eines Stoffgesetzes zur Beschreibung des stationären Fließens von Polymerschmelzen. Vortrag anlässlich der TECHNOMER 1973 in Karl-Marx-Stadt

[13] *Menges, G.; Leibfried, D.:* Beitrag zur Analyse der Strömungsverhältnisse beim Spritzgießen mit Hilfe eines Sichtwerkzeuges. Plastverarbeiter (21) 1970/11, S. 951 bis 958

[14] *Stitz, S.:* Analyse der Formteilbildung beim Spritzgießen von Plastomeren als Grundlage für die Prozess-Steuerung. Dissertation RWTH Aachen, 1973

[15] *Pfefferkorn, W.; Doant, G.:* Zum Quellverhalten von Polyamid-6-Formteilen. Plaste und Kautschuk (34) 1987/11, S. 422 bis 425

[16] *Hadjistamov, D.*: Das Quellverhalten von Phenoplastformteilen. 1.Teil: Plaste und Kautschuk (14) 1967/11, S. 806 ff. 2. Teil: Plaste und Kautschuk (16) 1969/7, S. 494 ff.

[17] *Gwinner, G.*: Gewichts- und Längenänderungen von Prüfstäben aus Aminoplasten. Kunststoffe (46) 1956/10, S. 467 bis 471

[18] *Woebcken, W.:* Maßgenauigkeit und Maßtoleranzen von Kunststoff-Formteilen. Kunststoffe (63) 1973/10, S. 612 bis 636

[19] *Schaaf, W.; Nacke, U.; Patzschke, H.:* Fertigungsbedingte Maßungenauigkeiten für Plastformteile. Plaste und Kautschuk (19) 1972/5, S. 370 bis 379 und 7, S. 517 bis 521

[20] *Meyer, B.-R.; Falke, D.:* Maßhaltigkeit von Kunststoff-Formteilen. VDI-Haus Stuttgart - Fortbildung. Seminarmanuskripte 2011 bis 2013

[21] *Obst, D.:* Verarbeitung von Thermoplastregenerat nach dem Spritzgießverfahren. Ingenieurabschlussarbeit (Betreuer: Meyer, B.-R.), Ingenieurschule Fürstenwalde, 1963

[22] *Meyer, B.-R.:* Computerunterstützte Prognosen zum Recycling von Thermoplasten. Kunststoffe (83) 1993/11, S. 899 bis 902

[23] *Neumann, F.; Meyer, B.-R.:* PolRecyc - Software zur Bestimmung zulässiger Recyclatanteile bei der Thermoplastverarbeitung. Makrolar GbR Berlin, 2010 bis 2013

10 Normenverzeichnis

Allgemeine GPS-Normen und GPS-Grundnormen

- DIN EN ISO 286-1: GPS – ISO-Toleranzsystem für Längenmaße – Teil 1: Grundlagen für Toleranzen, Abmaße und Passungen
- DIN EN ISO 286-2: GPS – ISO-Toleranzsystem für Längenmaße – Teil 2: Tabellen der Grundtoleranzgrade und Grenzabmaße für Bohrungen und Wellen
- DIN EN ISO 1101: GPS – Geometrische Tolerierung – Tolerierung von Form, Richtung, Ort und Lauf
- DIN EN ISO 4287: GPS – Oberflächenbeschaffenheit: Tastschnittverfahren – Benennungen, Definitionen und Kenngrößen der Oberflächenbeschaffenheit
- DIN EN ISO 5458: GPS – Form- und Lagetolerierung – Positionstolerierung
- DIN EN ISO 5459: GPS – Geometrische Tolerierung – Bezüge und Bezugssysteme
- DIN EN ISO 8015: GPS – Grundlagen – Konzepte, Prinzipien und Regeln
- DIN EN ISO 14405-1: GPS – Dimensionelle Tolerierung – Teil 1: Längenmaße
- DIN EN ISO 14405-2: GPS – Dimensionelle Tolerierung – Teil 2: Andere als lineare Maße
- DIN EN ISO 14660-1: GPS – Geometrieelemente – Teil 1: Grundbegriffe und Definitionen
- DIN EN ISO 14660-2: GPS – Geometrieelemente – Teil 2: Erfasste mittlere Linie eines Zylinders und eines Kegels, erfasste mittlere Fläche, örtliches Maß eines erfassten Geometrieelementes
- DIN EN ISO 17450-1:GPS – Grundlagen – Teil 1: Modell für die geometrische Spezifikation und Prüfung
- DIN EN ISO 17450-2: GPS – Allgemeine Begriffe – Teil 2: Grundlegende Lehrsätze, Spezifikationen, Operatoren und Unsicherheiten (Entwurf)

Polymerspezifische Normen – Werkstoffkennzeichnung/Werkstoffprüfung

- DIN EN ISO 291: Kunststoffe – Normalklimate für Konditionierung und Prüfung
- DIN EN ISO 294-4: Kunststoffe – Spritzgießen von Probekörpern aus Thermoplasten – Teil 4: Bestimmung der Verarbeitungsschwindung
- DIN EN ISO 527 (alle Teile): Kunststoffe – Bestimmung der Zugeigenschaften
- DIN EN ISO 868-10: Kunststoffe und Hartgummi – Bestimmung der Eindruckhärte mit einem Durometer
- DIN EN ISO 1043 (alle Teile): Kunststoffe – Kennbuchstaben und Kurzzeichen
- DIN ISO 1629: Kautschuk und Latices – Einteilung, Kurzzeichen
- DIN 7708-1: Kunststoff-Formmassen; Kunststofferzeugnisse; Begriffe
- DIN 7726: Schaumstoffe; Begriffe und Einteilung
- DIN 53464: Prüfung von Kunststoffen; Bestimmung der Schwindungseigenschaften von Preßstoffen aus warm aushärtbaren Preßmassen
- DIN EN ISO 11469: Kunststoffe – Sortenspezifische Identifizierung und Kennzeichnung von Kunststoff-Formteilen
- DIN EN ISO 15512: Kunststoffe – Bestimmung des Wassergehaltes

- DIN EN ISO 18064: Thermoplastische Elastomere – Nomenklatur und Kurzzeichen
- DIN ISO 48: Elastomere und thermoplastische Elastomere – Bestimmung der Härte (Härte zwischen 10 IRHD und 100 IRHD)
- ISO 2577: Kunststoffe – Warmaushärtbare Formkunststoffe – Bestimmung der Schrumpfung
- ISO 11359-1: Kunststoffe – Thermomechanische Analyse (TMA) – Teil 1: Allgemeine Grundlagen
- ISO 11359-2: Kunststoffe – Thermomechanische Analyse (TMA) – Teil 2: Bestimmung des linearen thermischen Ausdehnungskoeffizienten und der Glastemperatur
- ISO 17744: Kunststoffe – Bestimmung des spezifischen Volumens als Funktion von Temperatur und Druck – Kolbengerätverfahren

Polymerspezifische Normen – Tolerierung/Verarbeitungswerkzeuge

- ISO 3302-1: Gummi – Toleranzen für Fertigteile – Teil 1: Maßtoleranzen
- ISO 3302-2: Gummi – Toleranzen für Fertigteile – Teil 2: Form- und Lagetoleranzen
- DIN 7715-1: Gummiteile; Zulässige Maßabweichungen – Teil 1: Artikel aus Hartgummi
- DIN 16742: Kunststoff-Formteile – Toleranzen und Abnahmebedingungen
- DIN 16747: Rauheit der formgebenden Oberflächen von Presswerkzeugen und Spritzgießwerkzeugen für Kunststoff-Formmassen
- DIN 16941: Extrudierte Profile aus thermoplastischen Kunststoffen – Allgemeintoleranzen für Maße, Form und Lage
- DIN ISO 16916: Press-, Spritzgieß- und Druckgießwerkzeuge – Werkzeugspezifikationsblatt für Spritzgießwerkzeuge
- SN 277012: Kunststoffe; Toleranzen für gepresste und gespritzte Formteile (Schweizer Norm)
- VKI-Merkblatt 11.90: Toleranzen für spanabhebend hergestellte Kunststoffteile. Kunststoffverband Schweiz

Sonstige Normen und Richtlinien

- DIN 406 (alle Teile): Technische Zeichnungen – Maßeintragung
- DIN 16901: Kunststoff-Formteile, Toleranzen und Abnahmebedingungen für Längenmaße. HISTORISCH
- DIN 16749: Presswerkzeuge und Spritzgießwerkzeuge; Maßtoleranzen für formgebende Werkzeugteile. HISTORISCH
- DIN 7157: Passungsauswahlsystem – Toleranzfelder, Abmaße, Passtoleranzen
- DIN ISO 2768-1: Allgemeintoleranzen (für mechanische Metallbearbeitung) – Teil 1: Toleranzen für Längen- und Winkelmaße
- DIN ISO 2768-2: Allgemeintoleranzen (für mechanische Metallbearbeitung) – Teil 2: Toleranzen für Form und Lage
- DIN 50019 (alle Teile): Klimate und ihre technischen Anwendungen (zurückgezogen)
- DIN 6789 (Entwurf): Dokumentationssystematik – Verfälschungssicherheit und Qualitätskriterien für die Freigabe digitaler Produktdaten
- DIN 7186-1: Statistische Tolerierung – Teil 1: Begriffe, Anwendungsrichtlinien und Zeichnungsangaben
- DIN 7186-2: Statistische Tolerierung – Teil 2: Grundlagen für Rechenverfahren
- VDI 2003: Spanende Bearbeitung von Kunststoffen
- VDI 3400: Elektroerosive Bearbeitung: Begriffe, Verfahren, Anwendung

Hinweis:
Für alle Normen gelten die aktuellen Angaben zum Erscheinungstermin des Buches. ■

Register

G

H

I

K

L

M

N

O

P

Q

R

S

T

U

V

W

Z